● 機械工学テキストライブラリ ●
USM-7

生産加工入門

谷　泰弘・村田順二　共著

数理工学社

編者のことば

　近代の科学・技術は，18世紀中頃にイギリスで興った産業革命が出発点とされている．産業革命を先導したのは，紡織機の改良と蒸気機関の発明によるとされることが多い．すなわち，紡織機や蒸気機関という「機械」の改良や発明が産業革命を先導したといっても過言ではない．その後，鉄道，内燃機関，自動車，水力や火力発電装置，航空機等々の発展が今日の科学・技術の発展を推進したように思われる．また，上記に例を挙げたような機械の発展が，機械工学での基礎的な理論の発展の刺激となり，理論の発展が機械の安全性や効率を高めるという，実学と理論とが相互に協働しながら発展してきた専門分野である．一例を挙げると，カルノーサイクルという一種の内燃機関の発明が熱力学の基本法則の発見につながり，この発見された熱力学の基本法則が内燃機関の技術改良に寄与するという相互発展がある．

　このように，機械工学分野はこれまでもそうであったように，今後も科学・技術の中軸的な学問分野として発展・成長していくと思われる．しかし，発展・成長の早い分野を学習する場合には，どのように何を勉強すれば良いのであろうか．発展・成長が早い分野だけに，若い頃に勉強したことが陳腐化し，すぐに古い知識になってしまう可能性がある．

　発展の早い科学・技術に研究者や技術者として対応するには，機械工学の各専門分野の基礎をしっかりと学習し，その上で現代的な機械工学の知識を身につけることである．いかに，科学・技術の展開が早くても，機械工学の基本となる基礎的法則は変わることがない．したがって，機械工学の基礎法則を学ぶことは大変重要であると考えられる．

　本ライブラリは，上記のような考え方に基づき，さらに初学者が学習しやすいように，できる限り理解しやすい入門専門書となることを編集方針とした．さらに，学習した知識を確認し応用できるようにするために，各章には演習問題を配置した．また，各書籍についてのサポート情報も出版社のホームページから閲覧できるようにする予定である．

天才と呼ばれる人々をはじめとして，先人たちが何世紀にも亘って築き上げてきた機械工学の知識体系を，現代の人々は本ライブラリから効率的に学ぶことができる．なんと，幸せな時代に生きているのだろうと思う．是非とも，本ライブラリをわくわく感と期待感で胸を膨らませて，学習されることを願っている．

　　2013 年 12 月

編者　坂根政男
　　　松下泰雄

「機械工学テキストライブラリ」書目一覧
1　機械工学概論
2　機械力学の基礎
3　材料力学入門
4　流体力学
5　熱力学
6　機械設計学
7　生産加工入門
8　システム制御入門
9　機械製図
10　機械数学

まえがき

　この本では各種機械工業製品の製造において，最も重要な生産加工技術について説明している．ものづくりは商品企画から始まり，その商品を具現化するために，その材料と作り方を決定していくことが必要となる．当然のことながら作り方が見つからないものは製造することができない．またたとえ作り方が存在しても，それが完全な手作りのような方法では伝統工芸品のようにその製品は非常にコストの高いものとなってしまう．一つの製品を作る方法は通常複数存在することが多い．各加工方法の特徴を考え，製品の機能を満たすコストがかからない方法を選択していくことが肝要となる．このように種々の加工方法についてその特徴をよく理解することがコストパフォーマンスの高い，顧客満足度の高い製品を設計するために重要なこととなる．

　加工の際には各種加工液が使用され，除去加工においては切り屑が発生するため，材料に加工を施すと，材料の表面は汚れた状態となる．そのため各加工の工程の後に洗浄工程が入ることが多い．このように加工と洗浄は一対として製造ラインに組み込まれているにもかかわらず，これまでの加工の教科書においては洗浄について触れられているものはほとんどなかった．本書では洗浄の重要性を考え，一つの章として洗浄を加えた．

　また，加工は製品の製造において単独で存在することは少なく，複数の加工法がその製造順序にしたがって並べられ工程を形成することが多い．一連の工程の流れを最適な順序で並べ，それを実現する生産ラインを構成する方法を学ぶことも重要である．そのためそのことを解説した生産システムについても一章を設けた．最後に加工によって完成した製品を評価する方法について説明を行った．評価結果は加工にフィードバックされ，加工品質を高めることにつながる．加工と評価は表裏一体である．

まえがき

　以上のように本書は加工に関係する事項を網羅する内容に仕上げている．前半の 1 章から 5 章を谷が担当し，後半の 6 章から 10 章を村田が担当した．生産加工の入門書としては最適なものと信じている．なお，実際の加工の様子がわかるように動画を本書のサポートページに掲載した．学習の一助として活用されたい．

　2013 年 12 月

谷　泰弘

本書のサポートページはサイエンス社・数理工学社ホームページ
http://www.saiensu.co.jp
をご覧ください．

目　　次

第 1 章
生産加工の概要　　　　1
　1.1　生産加工技術の重要性 ……………………………………………… 2
　1.2　主な工業材料 ………………………………………………………… 3
　1.3　加工法の分類 ………………………………………………………… 7
　1 章の問題 …………………………………………………………………… 11

第 2 章
鋳　　造　　　　13
　2.1　鋳造加工の特徴 ……………………………………………………… 14
　2.2　各種鋳造法 …………………………………………………………… 18
　2.3　鋳造の技術 …………………………………………………………… 25
　2 章の問題 …………………………………………………………………… 29

第 3 章
塑 性 加 工　　　　31
　3.1　塑性加工の特徴と種類 ……………………………………………… 32
　3.2　圧 延 加 工 ……………………………………………………………… 36
　3.3　押出し加工と引抜き加工 …………………………………………… 41
　3.4　鍛 造 加 工 ……………………………………………………………… 44
　3.5　板 材 成 形 ……………………………………………………………… 47
　3.6　転 造 加 工 ……………………………………………………………… 52
　3 章の問題 …………………………………………………………………… 54

第 4 章
粉 末 成 形　　　　55
　4.1　粉末成形の特徴 ……………………………………………………… 56

目　次　　vii

　　4.2　粉末の製造方法 58
　　4.3　粉末の成形方法 60
　　4.4　焼　結 67
　　4 章の問題 68

第 5 章

機 械 加 工　　69

　　5.1　機械加工の特徴 70
　　5.2　切 削 加 工 73
　　5.3　研 削 加 工 80
　　5.4　研 磨 加 工 86
　　5.5　工 作 機 械 89
　　5 章の問題 92

第 6 章

特 殊 加 工　　93

　　6.1　特殊加工の特長 94
　　6.2　放 電 加 工 95
　　6.3　電解加工・電気めっき 100
　　6.4　化 学 加 工 105
　　6.5　レーザ加工 108
　　6.6　電子ビーム加工 111
　　6.7　イオンビーム加工 115
　　6 章の問題 120

第 7 章

接　合　　121

　　7.1　接合の分類 122
　　7.2　機械的接合 123
　　7.3　溶　接 124
　　7.4　接着剤接合 130
　　7.5　その他の接合方法 133
　　7 章の問題 134

第 8 章

洗　浄　　　　　　　　　　　　　　　　　　　　　135

 8.1 洗浄の基本 136
 8.2 汚れの分類 137
 8.3 各種洗浄方法 138
 8.4 洗　浄　剤 147
 8.5 乾　　　燥 150
 8 章の問題 152

第 9 章

生産システム　　　　　　　　　　　　　　　　　　153

 9.1 生産の歴史 154
 9.2 生産システムとは 155
 9.3 生　産　形　態 157
 9.4 生産の情報化 163
 9 章の問題 166

第 10 章

加工品の評価　　　　　　　　　　　　　　　　　　167

 10.1 形状精度の評価 168
 10.2 表面粗さの評価 170
 10.3 加工面品質の評価 178
 10 章の問題 186

参　考　文　献　　　　　　　　　　　　　　　　　　187

索　　　引　　　　　　　　　　　　　　　　　　　　188

第1章

生産加工の概要

　機械産業において，ものづくりは最も重要な仕事である．そのものづくりの技術をまとめているのが生産加工になる．本章では生産加工の重要性について述べた後，工業製品に用いられる主な材料について紹介し，生産加工法の分類および特徴について説明する．

1.1　生産加工技術の重要性

　我々の身のまわりには非常に数多くの工業製品がある．自動車，飛行機，船舶，テレビや洗濯機などの各種家電製品，コンピュータ，携帯電話など，そうした工業製品は単一の材料によって成り立っていることは少なく，通常複数の材料から構成されている．それら材料は種々の加工法により形状や寸法，表面状態を与えられ，物理的あるいは化学的な色々な機能を発現している．このように，種々のエネルギーを用いて，材料に所定の形状，寸法，表面状態を付与する作業を**加工**（processing）あるいは**生産加工**（industrial processing）と呼んでいる．

　工業製品に求められる機能を実現する材料や加工法は一つに決まるものではなく，複数の選択肢が存在することが通常である．もちろんそれぞれの製品に求められる機能を最大限に発揮するためには，価格や品質の点から最適な材料を選択し，それらが最適な加工法により形状創成が行われる必要がある．しかし，そうした最適な組合せは容易には見つけることが難しく，またコストを高くしてしまうことにつながる．予定されるコストおよび機能を満足する条件内で，最もコストパフォーマンスの良い

①　材料の選択
②　加工法の選択

が行われることが望ましい．ただ材料の選択と加工法の選択は別個に行われるものではなく，材料によっては使用できる加工法が制限を受けることもある．そのため，総合的な判断の上に材料と加工法の選択が行われなければいけない．こうした適切な選択を行うためには，材料と加工法について広く知識を有していることが必要となる．加工法は場合によっては材料の特性を変化させることもある．加工法の得失を十分に理解し，選択することが肝要である．

1.2 主な工業材料

現在工業製品に使用されている材料は非常に幅が広く，それらは表 1.1 に示されるように**金属材料**（metallic material），**非金属材料**（nonmetallic material）および**複合材料**（composite material）に分類される．金属材料はさらに鋳鉄，炭素鋼，ステンレス鋼などの**鉄鋼材料**（ferrous material）と，鉄を含まないアルミニウム，銅，チタニウムなどの**非鉄金属材料**（nonferrous metal material）とに分けられる．非金属材料にはさらに炭素を含む化合物である**有機材料**（organic material）と炭素を含まない化合物の**無機材料**（inorganic material）がある．有機材料としてはプラスチック，ゴム，繊維，紙，皮革，木材などがあり，無機材料にはセラミックス，ガラス，コンクリートなどがある．有機材料は軽量であるが，耐熱性や耐化学薬品性に劣る．無機材料は金属元素と酸素，炭素，窒

表 1.1 主な工業材料の分類

材料の種別		主な材料の例
金属材料	鉄鋼材料	鋳鉄
		炭素鋼
		工具鋼
		高張力鋼
		ステンレス鋼など
	非鉄金属材料	アルミニウム
		マグネシウム
		銅
		ニッケル
		チタニウム
		その合金など
非金属材料	有機材料	プラスチック，ゴム，繊維，紙，皮革，木材，竹など
	無機材料	セラミックス，ガラス，石材，コンクリート
複合材料		金属系
		プラスチック系
		セラミックス系
		木質系
		各種表面処理材など

素などの化合物で硬くてもろい材料が多い．また，2種類以上の材料を組み合わせて単一の材料では発揮できないような優れた性質（機能や強度など）を持つ種々の複合材料が開発されている．

たとえば，自動車は，図1.1 に示すようにボディ，エンジン，足まわり，内装品，駆動装置などから構成されている．自動車の場合，その70〜75％が入手し易く安価で高強度であることから鉄鋼材料により構成されている．ボディ・フレームには鋼板が用いられており，プレス成形で形状が付与されている．クランク軸・歯車類・ばね等には丸棒や形材などの鋼材が使用されており，熱処理が施され鍛造や機械加工等により形状が創成されている．シリンダブロック・マニホールド・デフケース等には鋳鉄が使用され，複雑形状の創成に有利な鋳造により製造されている．非鉄金属は5〜10％程度で，ピストン・ミッションケース・ホイール等にアルミニウム合金が，電装品・ラジエータに銅が，軸受メタルに鉛やスズが，装飾品・ドアハンドルに亜鉛合金が用いられている．最近は非金属のプラスチック材料が軽量であることから多用され，構成比率を増加させている．

このような材料は機能との関係から選択されている．たとえば，安く作ると

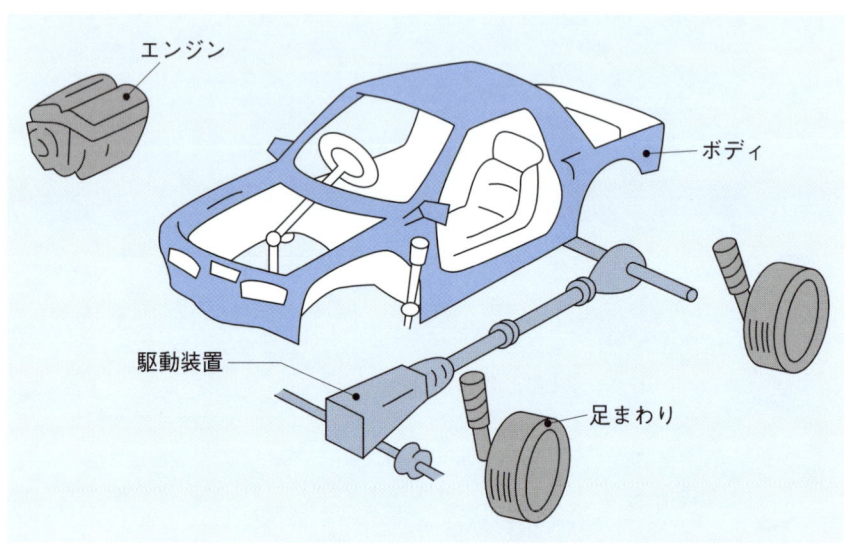

図1.1　自動車の構成部品

いうことで鉄鋼材料を選択し，軽く作るということでアルミニウム合金やマグネシウム合金，プラスチックを選択する．また，耐熱性の観点からセラミックスを選択し，水中や水に接する領域で使用するということでステンレス鋼を選択する．さらに，中を見えるようにするということでアクリル樹脂やガラスを選択し，曲面を持つために繊維強化型複合材料（fiber-reinforced plastics：FRP）を選択する．実際にはこうした単純な機能だけでなく，強度等の物理的特性や耐食性のような化学的特性等を考慮して材料が選択される．その材料に形状や寸法を与えるために，その材料の加工特性や所要の精度等を考慮しながら，加工法を選択することになる．

よく使用される金属材料をまとめたものが**表1.2**である．金属の特徴としては，木材やプラスチックなどの有機材料よりは硬く，展延性と弾性があり，伸びたり曲がったりするため，木材やプラスチックのようにすぐに折れずに変形することである．また，伝熱性が高く，よく熱を伝える．導電性にも優れ，電気をよく通す．錆びるものがあり，比重が大きく，融点が高い（鉄で約 1470°C）．空気中では燃えず，化学的に溶解すると ＋イオン になる，産出地が偏在しているなどである．

鉄は，純粋な鉄のままで使われることはめったになく，鉄に炭素が含まれる

表1.2　金属材料の分類

鉄鋼材料	鉄	純鉄（C 0〜0.02%）
	鋼	軟鋼（C 0.2%）｝炭素鋼 硬鋼（C 0.5%）
		合金鋼—Cr 鋼，Ni 鋼，Mn 鋼，Si 鋼，Ni-Cr 鋼，W 鋼など
	鋳鉄	ねずみ鋳鉄
		白鋳鉄
		合金鋳鉄
非鉄金属材料	銅合金	黄銅（真鍮）—Cu-Zn 系合金
		青銅（砲金）—Cu-Sn 系合金
		特殊黄銅および青銅
	ニッケル合金—Ni と Cu，Zn，Fe，Cr などの合金	
	軽合金—Al または Mg を主成分とする合金	
	亜鉛・鉛・スズ合金，ダイカスト用 Zn 合金，ホワイトメタル	
	チタンとその合金，Ti-6Al-4V 系合金など	
	焼結合金，超硬合金など	

状態（0.022〜6.67%）で使われる．炭素含有量が 0.0218%〜2.14%の鉄を 鋼（はがね）(steel) または炭素鋼（carbon steel）と呼ぶ．炭素の他に，違う種類の金属を混ぜて合金として使うこともある．たとえばステンレス鋼は，炭素鋼にクロム（11〜32%）やニッケル（3〜28%）を混ぜた合金（残り 70%程度が鋼である）でほとんど錆びない．このように鉄鋼材料は，炭素の含有量や，合金にする他の金属の種類などで，とても幅広い性質を持たせることができる．

アルミニウムは，鉄に比べて，比重が小さく，軟らかく，熱をさらによく伝える．ご存知のように1円玉の材料に使用されている．鉄つまり鋼に比べると軽量の割に強い（比強度が高い）ものを作ることができる．航空機のボディに使用されている高強度のジュラルミンは，アルミニウムに銅やマグネシウムなどを加えたアルミニウム合金である．

銅は，電線や十円玉に使われている．電気をよく通し（一番よく通すのは銀であるが，値段が非常に高い），金属の中では軟らかい．銅も，他の金属と混ぜていろいろな合金を作ることができる．数千年の歴史をもつ青銅は銅にスズを加えた合金で，スズを加えることで融点を下げ，現在でも彫像の作製に用いられている．十円玉はこの青銅に亜鉛を加えた銅合金である．

ニッケル，クロム，スズなどは，単体で使われることもあるが，合金を作る材料としてよく利用されている．ニッケルやクロムを加えることで，耐食性や耐久性を改善することができる．スズは融点を下げ酸化や腐食に強くする働きがある．

1.3 加工法の分類

新しく工業製品を開発するとき,図1.2に示されるように工学の原理に基づき様々なしくみを検討し,その性能を満足させるために,どのような形状にするのかまず考える.これを**設計**(design)という.この設計に基づき,図面が描かれる.その工業製品を構成する全ての部品に関して,図面上に寸法と形が与えられる.この図面にしたがい,全ての部品が工場で作られる.その形状や材質等にあわせて作り方(加工法)が異なる.機械を利用してものづくり(manufacturing)を行うことを**機械製造**(mechanical manufacturing)あるいは機械製作という.

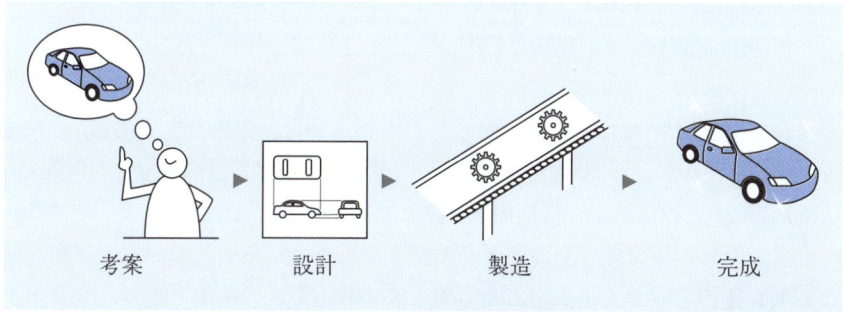

図1.2 ものづくりの過程

加工法にはたくさんの種類がある.前述のように加工とは,物体に外部から何らかのエネルギーを与えて目的とする形状,寸法,表面状態に変更することで,そのエネルギーには,機械的エネルギー,熱的エネルギー,電気・化学的エネルギーの3種類が存在する.加工法はこの与えられるエネルギーの種類と,加工する前と後での質量変化により,表1.3のように分類される.**機械的エネルギー**は力学的エネルギーとも呼ばれ,加工物に力を作用することにより形状創成を行う.機械的エネルギーは入力のエネルギーに対して出力である形状や寸法の制御性・応答性が高いため,非常に多用されている.**熱的エネルギー**は,加工物に熱を加え溶融することで形状創成を行う.**電気・化学的エネルギー**は,加工物に電解などの電気的なエネルギーや溶解などの化学的作用を付加することで形状創成を行う.

質量が増える場合には,その加工法は**付加加工**(junction processing)ある

表1.3　加工法の分類

質量の増減		増　加	変化無	減　少
		付加加工	成形加工	除去加工
与えられるエネルギー	機械的エネルギー	接着,接合等	塑性加工等	機械加工
				超音波加工等
	熱的エネルギー	溶接,溶射等	鋳造,焼結等	エネルギービーム加工,放電加工等
	電気・化学的エネルギー	コーティング,めっき等	電磁成形等	電解加工,化学研磨等
特徴		比較的簡単．接合強度が問題．	大量生産に向く．経時変化が生じる．	精度が出し易い．複雑な形状も作れる．時間がかかる．

■は特殊加工

いは付着加工と呼ばれる．質量が変化しない場合は，**成形加工**（deformation processing）あるいは変形加工と呼ばれ，質量が減る場合は**除去加工**（removal processing）と呼ばれる．付加加工は誰にでも比較的簡単に行えるが，一体構造ではないため，特に接合面の強度が問題となることが多い．成形加工は高能率に部品製造が可能で大量生産に向く加工法であるが，寸法や形状に経時変化が生じ高精度な部品を製造することが困難である．除去加工は単位時間当たりの加工量が少ないため精度が出し易く複雑な形状も作ることができるが，少量生産向きで時間がかかる加工法である．

　機械的エネルギーを用いて行う除去加工は**機械加工**（mechanical machining）と呼ばれる．超音波加工も機械的エネルギーを用いて行う除去加工ではあるが，超音波という特殊なエネルギーを使用していることから，熱的エネルギー，電気・化学的エネルギーを用いて行う除去加工とともに**特殊加工**（nontraditional machining）に分類される．

　素材に定常的なエネルギーを付加して板や棒，線，管，形材など一様断面を持つ長い製品を作り出す加工法を**1次加工**（primary processing）と称し，この加工で製造されたものは**前素形材**（near netshape products）あるいは素形材と呼ばれている．前素形材はそのまま製品として使用される場合もあるが，一般的にはこの前素形材にさらに非定常なエネルギーを付加してより複雑な3次元形状の製品を作り上げる．この加工法を**2次加工**（secondary processing）と

表1.4　各種加工法の特徴

加工法の大分類	加工法の種類	工具の汎用性	生産速度	材料ロス	寸法精度	表面性状	製品形状の複雑さ	材質改善
成形加工	鋳造	×	×	△	×	×	○	×
	塑性加工	×	○	○	△	△	×	○
	粉末成形	×	△	○	△	△	△	○
	射出成形	×	△	○	△	△	△	×
除去加工	切削加工	○	×	×	○	○	×	×
	研削加工	○	×	×	○	○	×	×
	特殊加工	△	×	×	△	△	×	△
付加加工	溶接	○	○	○	×	×	×	×
	接着接合	○	△	○	△	△	△	×
	表面付加加工（めっき，溶射，蒸着など）	△	×	○	○	○	△	○

称している．

　成形加工，除去加工，付加加工の代表的な加工法の特徴を一覧にしたものが，表1.4である．成形加工は一般に工具の汎用性に劣り，製品に応じた工具を使用することが求められる．除去加工は生産速度および材料ロスの点で劣っている．また曲面を持つ表面など，複雑な形状の製品を生産するのに適していない．局所的に大きなエネルギーが作用することが多く，そのため加工表面に加工による変質層が残留することがある．しかし，高精度な加工を施すことが可能で，表面粗さも優れている．付加加工は工具の汎用性および材料ロスの点で優れている．しかし，あまり複雑な形状の製品を作ることは難しい．表面のみの付加加工は，表面品質を高める有効な方法である．

　表1.5には，各種成形加工および各種除去加工により達成できる表面粗さの一覧を示している．表面粗さは表面の凹凸の高周波成分である．詳細については，第10章を参照されたい．一般的に成形加工は除去加工に対して広い面積に大きな力や熱を作用させて加工を行うため，工具面の転写精度が悪く，達成できる表面粗さが劣っている．この表は表面粗さに関して示しているが，寸法精度や形状精度に関しても同様の傾向がある．そのため，除去加工は一般に成形加工に続く後加工法として用いられる．

表1.5　各加工法の達成粗さ

加工方法		表面粗さ [μmRa]												
		50	25	12.5	6.3	3.2	1.6	0.8	0.4	0.2	0.1	0.05	0.025	0.013
除去加工	火炎切断		■	■	■									
	スナッギング		■	■	■	■								
	のこ引き		■	■	■	■								
	平削り, 形削り			■	■	■	■	□						
	穴あけ			■	■	■	■							
	ケミカルリング			□	■	■	■	□						
	放電加工				■	■	■	■						
	フライス削り			□	■	■	■	■	□					
	ブローチ削り					■	■	■	□					
	リーマ仕上げ					■	■	■	□					
	中ぐり, 旋削			□	■	■	■	■	■	□				
	バレル研磨						■	■	■	■	■			
	電解研削						■	■	■	■	■			
	ローラバニシ仕上げ							■	■	■	■			
	研削					■	■	■	■	■	■	□	□	
	ホーニング							■	■	■	■	□		
	つや出し								■	■	■	■		
	ラップ仕上げ								■	■	■	■	■	□
	超仕上げ								■	■	■	■	■	□
成形加工	砂型鋳造		■	■										
	熱間圧延		■	■	■									
	鍛造			■	■	■								
	パーマネントモールド鋳造				■	■	■							
	押し出し				■	■	■	■						
	冷間圧延, 引き抜き					■	■	■						
	ダイカスト					■	■	■						

■ 一般に得られる粗さ範囲　　□ 特別な条件下に得られる粗さ範囲

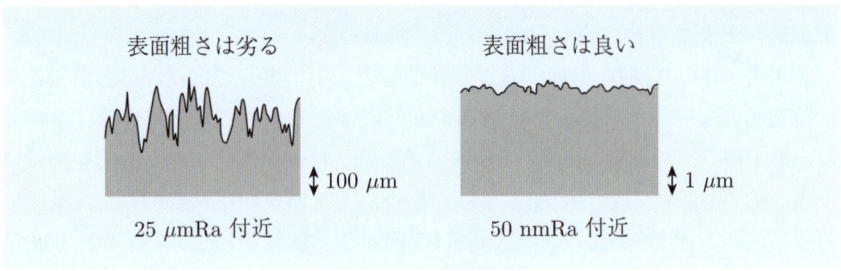

表面粗さは劣る　　　　　　　　表面粗さは良い

↕ 100 μm　　　　　　　　　　↕ 1 μm

25 μmRa 付近　　　　　　　　50 nmRa 付近

図1.3　達成粗さの具合

1章の問題

- **1.1** 主な工業材料の種類と特徴について説明せよ．
- **1.2** 金属の特徴について説明せよ．
- **1.3** 加工法の分類方法について説明せよ．
- **1.4** 1次加工と2次加工の差異を説明せよ．
- **1.5** 各種加工法の特徴について説明せよ．

第2章

鋳 造

　金属を溶かして砂型や金型などの型に注入し，冷却後に型から取り出すと，型の形状とほぼ同じ製品が得られる．このように溶融金属を型に流し込んで凝固させ，所要の形状寸法の製品を成形する方法を鋳造という．本章では，各種鋳造法の概要とその特徴について説明する．

2.1 鋳造加工の特徴

鋳造 (casting) とは金属を溶解し，鋳型 (mold) に流し込んで固めることにより，目的の形状の製品に成形する加工技術で，出来上がった品物を鋳物 (castings) と呼ぶ．鋳造は紀元前 4000 年金属文明の発祥以来の歴史を持つ伝統的な加工技術で，古くは仏像，刀剣類，装飾品，貨幣などを製造するのに利用されている．鋳物を作る工程は，図2.1 に示されるように，

① 溶解工程——金属を溶かす，
② 造形工程——溶けた金属を流し込む鋳型を製造する，
③ 注湯工程——鋳型に溶けた金属を流し込む，
④ 冷却工程——金属を冷やして凝固させる，
⑤ 型ばらし工程——鋳型をばらして製品を取り出す，
⑥ 清掃工程——製品の表面をきれいにする，
⑦ 検査工程——製品に欠陥等がないかチェックする

の 7 工程から成り立っている．

鋳造の長所は，① 液体の状態で型の形状の通り材料を充満するので，複雑形状のものが容易に安価に作れる，② 溶接構造に比べて接合部がなく剛性が極めて高い，③ 脆性が高く塑性加工（第 3 章参照）などが困難なあらゆる合金に適用できる，④ 鋳鉄は振動減衰能や耐摩耗性が良く，切削加工性に優れ，材料費が安い，等である．

一方，短所は，① 均質性に欠け，欠陥を内蔵し易い，② 引張強度が低く，延性や靱性に乏しい，③ 表面が粗い，④ 砂型鋳造では粉塵や騒音など作業環境に劣る，などである．

鋳物は，表2.1 に示されるように鋳造法，材質，用途により分類されている．鋳造法による分類では，砂型 (sandmold) を使用する砂型鋳物，金型 (metalmold) を利用する金型鋳物，そして砂型，金型を使用しないかあるいは特殊環境で行われる特殊鋳造鋳物の三つがある．材質による分類では，最もよく使用されている鉄鋳物と，鉄以外の材料を用いる非鉄鋳物がある．用途による分類では，機械構造物等に用いられる機械用鋳物，各種日用品として使用される日用品鋳物，そして仏像・仏具等の美術工芸鋳物がある．

2.1 鋳造加工の特徴

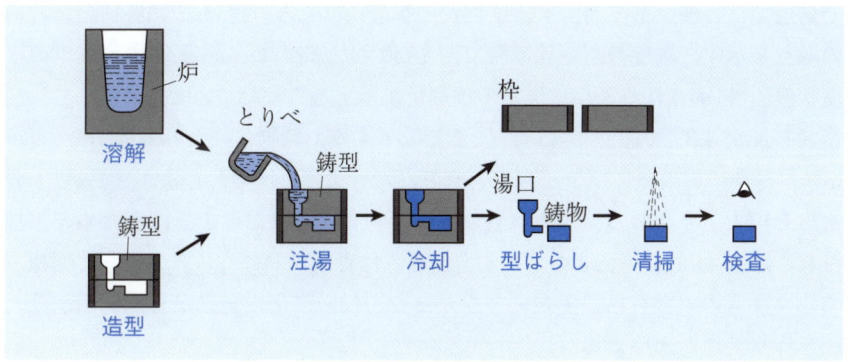

図2.1　鋳物の製造工程

表2.1　鋳物の分類

(a) 鋳造法による分類

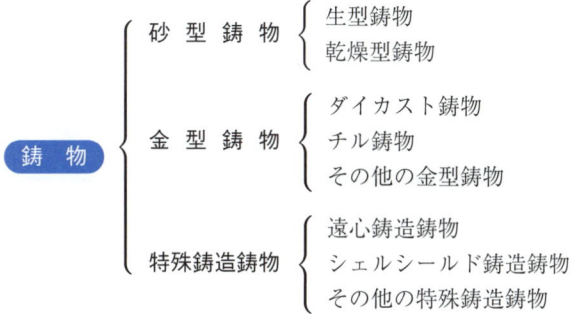

(b) 材質による分類

鋳物 ─ 鉄鋳物 ｛ 鋳鉄鋳物／特殊鋳鉄鋳物／鋼鋳物 ｝
　　 ─ 非鉄鋳物 ｛ 銅合金鋳物／軽合金鋳物／その他の合金鋳物 ｝

(c) 用途による分類

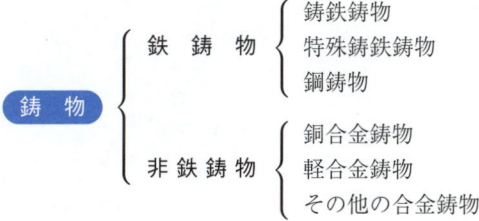

鋳造では各種金属を溶解する工程が一番最初にくる．表2.2 に各種金属材料の融点を示す．純度の高い鉄は融点が 1530°C と高いが，図2.2 の炭素鋼の平衡状態図†に示されるように炭素の添加量が増えるにしたがい融点は低下し，炭素含有量が 4.3% で融点は 1147°C まで低下する．鋳物に使われる**鋳鉄**（cast iron）は鉄に炭素およびケイ素が含有された合金で，炭素含有量が 2.1% 以上のものを指す．すなわち，炭素は鉄にとって物質の溶融温度を下げるために添加される**融剤**（flux）の働きをしており，それは青銅におけるスズの役割と同様である．高温の火を容易に実現できなかった古代，融剤の発見が青銅文明や鉄文明を作り上げたといえる．

● 奈良の大仏 ●

奈良東大寺の大仏様も青銅の鋳造で作られている．まず粘土等で塑像を作りそれを 8 段の鋳型で囲み，鋳型と塑像の間に溶湯（青銅）を流し込むことで製造された．その上に金めっきが施されて完成された．この当時，金めっきは水銀に溶いて行われたので，大仏の完成時には水銀蒸気のために平城京に疫病が蔓延し，閉都となったのは皮肉である．

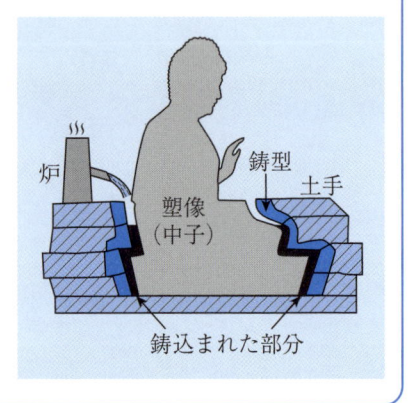

---

† 溶液や合金などで，液体から固体への変化など相が変化する境界を，圧力や温度などの状態量との関係として図示したもの．

表2.2 主な金属材料の融点

金属	融点[°C]
アルミニウム	659
銅	1083
金	1063
鉄	1530
マグネシウム	650
ニッケル	1542
銀	961
亜鉛	419
青銅	875

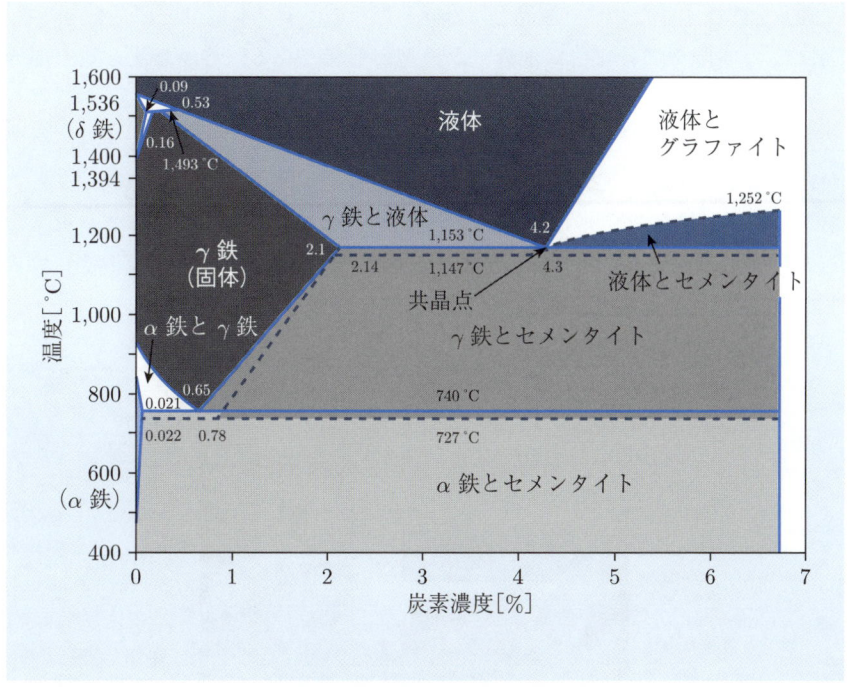

図2.2 炭素鋼の状態図

2.2 各種鋳造法

鋳造法には表2.1に示したように砂型鋳造，金型鋳造，特殊鋳造の3種類がある．それぞれに関して説明する．

2.2.1 砂型鋳造

砂型鋳造（sandcasting） 最も基本的な鋳造技術で，砂型鋳造では製品の模型を作製して，これを鋳造用の砂の中に埋め込み，砂を固めた後模型を取り外して砂型を乾燥，硬化し，その砂型に溶けた金属を流し込む．特徴は簡単な設備で大きな寸法の製品の作製が可能なことである．鋳型に砂が用いられる理由は，① 砂が高温に耐えること，② 通気性があり，凝固中に発生する気体を通すこと，③ 熱伝導率が低く，溶融金属を急激に冷却しない（急激な冷却は割れの原因となる）こと，④ 鋳型を簡単に作成でき，再利用できること，のためである．

砂型を作成するために，製品とほぼ同じ形状の模型（木型，雄型）を用いる．図2.3の空隙の部分（白い部分）が模型の形状となる．溶湯を流し込む部分（湯口や湯道）や欠陥防止のため製品上部に溶湯を蓄える部分（押湯）の模型も必要となる．砂型鋳造の問題点は，① 砂型を乾燥，硬化して強度を上げる時間が長いこと，および，② 模型を砂型から取り外す際に型形状が崩れ易いことである．①の問題点を解決するために，自硬性鋳型，シェル鋳型，Vプロセスなどの方法が提案されており，②の問題点を解決するために，消失模型法（ロストワックス法），フルモールド法などの方法が提案されている．

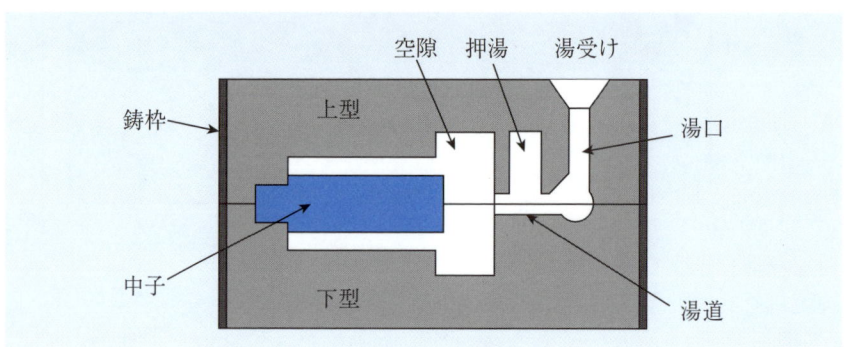

図2.3 砂型構造

2.2 各種鋳造法

自硬性鋳型法　強度の高い鋳型を得るために，無機系または有機系のバインダ（砂の結合材）を砂に添加することにより，砂型の硬化を促進するのが**自硬性鋳型法**（self-hardening mold process）である．CO_2法では二酸化炭素と反応して硬化する水ガラス（ケイ酸ソーダ）を砂に添加し，造型後に鋳型内に二酸化炭素を流して硬化させる．一方，有機自硬性鋳型法では，温度が上がると縮合反応[†]を起こして硬化する熱硬化性樹脂（フェノール樹脂，フラン樹脂など）を添加して造型し，熱を加えて硬化・結合させる．この方法の欠点は砂の再利用ができないことである．

シェル鋳型法　図2.4 に示されるように，あらかじめ 300°C 程度に加熱した金属製模型の表面に，フェノール樹脂をコーティングした砂を供給すると，模型から熱が移動して模型近傍の砂の温度が上昇し，約 100°C 以上になった部分の砂が模型に密着する．この層の厚さが数 mm になったところで模型を上下反転すると，ほとんどの砂が型から落とされ，模型形状の薄い砂の層のみが残留する．砂の層を模型につけたまま炉内で約 250°C に保持すると，樹脂が硬化する．固まった層を模型から離すと，薄い殻状の砂型ができる．この方法を**シェル鋳型法**（shell mold process）と呼んでいる．

減圧造形法　減圧造形法あるいは **V プロセス法**（vacuum sealed molding process）では，図2.5 に示されるように，**(a)** まず吸引ボックスの上に模型を取り付ける．**(b)** 次に伸び率が大きくかつ塑性変形率の高いプラスチックの薄いフィルムをヒータ（ガスバーナー）により加熱軟化させる．**(c)** 加熱軟化し

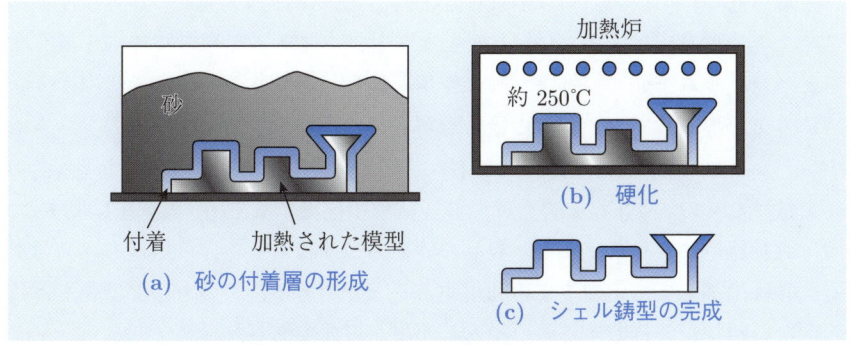

図2.4　シェル鋳型の作り方

[†] 単に縮合ともいう．官能基を持つ化合物から低分子が取れて新しい結合を生成すること．

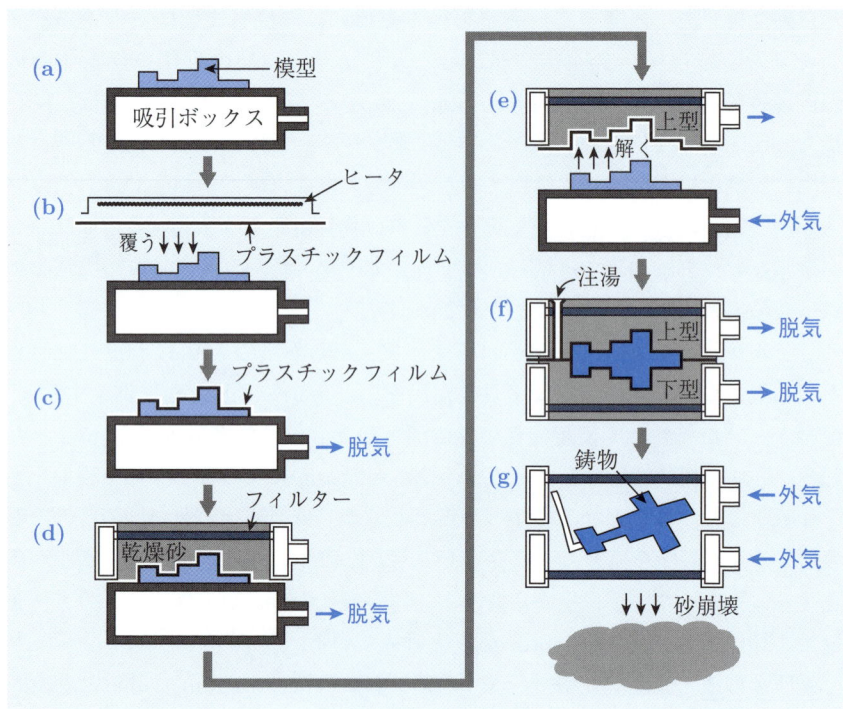

図2.5　減圧造形法

たフィルムで模型表面に覆い，吸引ボックスを減圧すると，フィルムは模型面に吸着される．**(d)** フィルムを吸着した模型に，微振動を加えながら粒度調整された乾燥砂を充填する．**(e)** 上面をならし，フィルムで覆って枠内を減圧すると，フィルムを介して外圧が砂に作用し鋳型は硬化する．模型の吸引ボックスに外気を導入してフィルムの吸着を解いた後，離型すると模型上のフィルムでシールドされた鋳型が完成する．**(f)** 上記と同様の工程で造られた上型（湯口等を付けたもの）と下型を枠合せし減圧状態で注湯する．**(g)** 大気圧に戻すと，砂は流動状態に戻り落下する．製品の砂落ちはすばらしく，後処理も容易である．砂は冷却して，そのまま再利用することができる．この方法では仕上げ代の少ない鋳物が製造でき，砂の繰返し使用が可能である．

ロストワックス法（lost wax method）　図2.6 に示すようにろう（ワックス）などの溶融除去し易い材料で模型を作製し，この模型をセラミックス粉末でコー

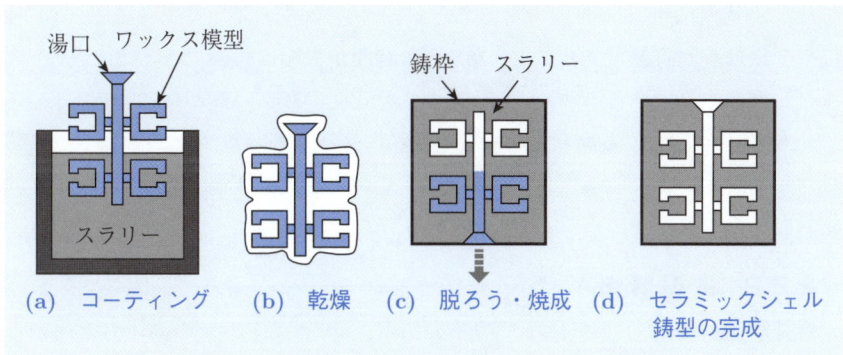

図2.6　ロストワックス法

ティングして鋳型とした後，模型を溶融・除去し，注湯して鋳物を得る**消失模型法**（evaporative pattern process）である．鋳肌（いはだ）が良好で，0.2 mm 前後の厚さまで極めて薄肉の鋳物が製造可能である．

　フルモールド法　図2.7 に示されるように加熱により燃焼，気化する発泡ポリスチロール製の模型を鋳枠中にセットした後，粘結剤を含まない乾燥鋳物砂（ものずな）を振動充填して鋳型を作り，模型を残したまま鋳造する消失模型法である．フルモールド法の長所は，① 模型が安価で加工性が高いこと，② 模型材料が軽い

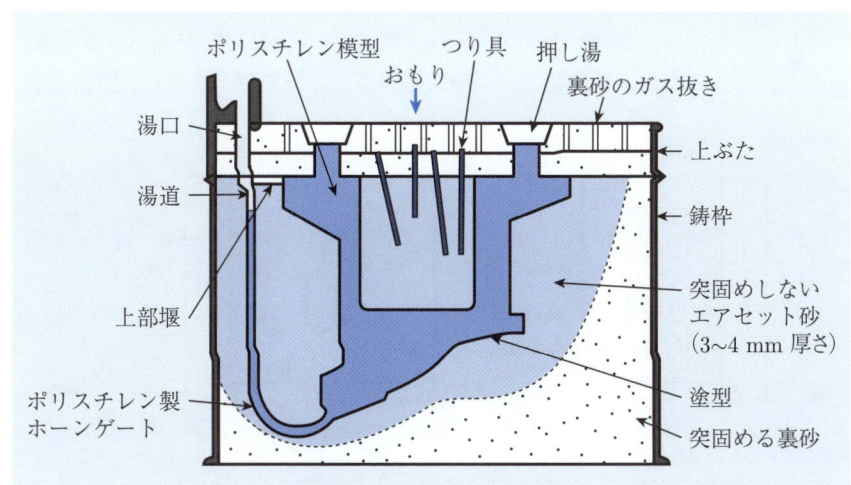

図2.7　フルモールド法

こと，③ 幅木や中子が不要であること，④ 抜け勾配が不要であること，⑤ 寸法や形状検査が容易であること，⑥ 造形時間が大幅に短縮できること，⑦ 複雑な鋳物が作製できること，⑧ 模型強さが低くてもよいことなどである．

一方，短所は，① 燃焼ガスが鋳物の欠陥になること，② 燃えカスが表面（鋳肌）を劣化させること，③ 模型強度が低いために補強が必要となること，④ 製品表面に亀甲模様が出ることがあること，などである．

2.2.2 金型鋳造

金型鋳造には，① 大気圧下での重力鋳造，② プランジャの高圧力を用いる圧力ダイカスト，③ 溶湯表面に低圧力（$0.3 \sim 0.8\,\mathrm{kgf/cm^2}$）をかけて溶湯を上昇させ，金型あるいは砂型内に注入する低圧鋳造，④ 金型または石膏型内に溶湯を $0.5 \sim 2.0\,\mathrm{kgf/cm^2}$ 程度の圧力をかけて注入する加圧鋳造などがある．これらの鋳造法は砂型鋳造とは異なり，毎回鋳型を壊すことなく同一鋳型を繰り返し使用するため，金型の製造費が高くても量産の効果で鋳物 1 個当たりの鋳型費が低減できる．

図2.8 に示されるダイカスト法（die casting）は，代表的な金型鋳造法で，コールドチャンバ法（cold chamber method）とも呼ばれ，アルミニウム合金などの溶湯を $10 \sim 100\,\mathrm{MPa}$ の高圧を加えて金型に圧入する方法である．寸法精度が優れ（$\pm 0.04 \sim 0.12\,\mathrm{mm}$ 程度），薄肉の鋳造が容易で，鋳肌が滑らかで外観が美しい．ただし，設備や金型などが高価で，少量生産には向かない．また鋳込温度が高い金属の鋳造は困難で，金型を用いるため，型の大きさに制限がある．

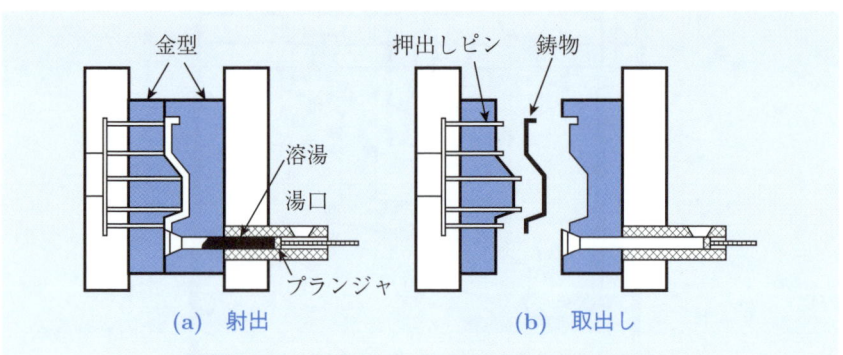

図2.8　ダイカスト（コールドチャンバ）法

2.2.3 特殊鋳造

特殊鋳造法には真空鋳造法，遠心鋳造法，連続鋳造法などがある．

真空鋳造法（vacuum casting） 真空鋳造では，図2.9のように鋳型と鋳造用材料を真空炉内に入れ，圧力を 0.01〜0.1 Pa の高真空状態にした後，鋳造材料を高周波誘導加熱により溶解し，鋳型に注湯する．クロムを含む耐熱金属やチタン合金などに適用されている．この方法には，凝固時に材料から気体が発生し，材質を劣化させることがない，酸化し易い金属でも扱えるなどの特徴がある．製品の大きさは真空炉の大きさにより制限され，真空炉内を真空状態にするまでに時間を要するため，生産性は低い．

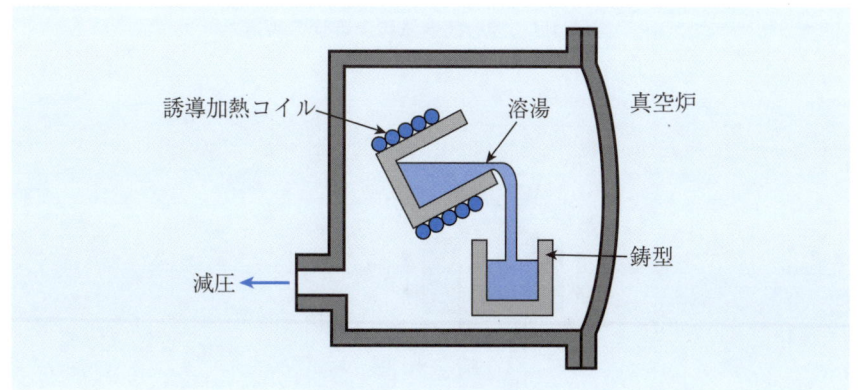

図2.9　真空鋳造法

遠心鋳造法（centrifugal casting） 図2.10のように高速回転している鋳型に溶湯を直接流し込み，遠心力により溶湯を鋳型壁に押し付けながら凝固させる方法である．上下水道用，ガス用，農工業用水用などの鋳鉄管の製造に用いられている．この方法は中子なしで中空，円筒状の鋳物が製造可能であること，肉厚が均一となること，外側の表面は遠心力による圧力で空隙を生じにくいこと，比重差で不純物を内側に分離でき材質が良くなることなどの特徴がある．

連続鋳造法（continuous casting） 図2.11のように溶鋼をモールドと呼ばれる底なしの鋳型に流し込み，水を吹き付けて冷却・凝固させながら連続的に

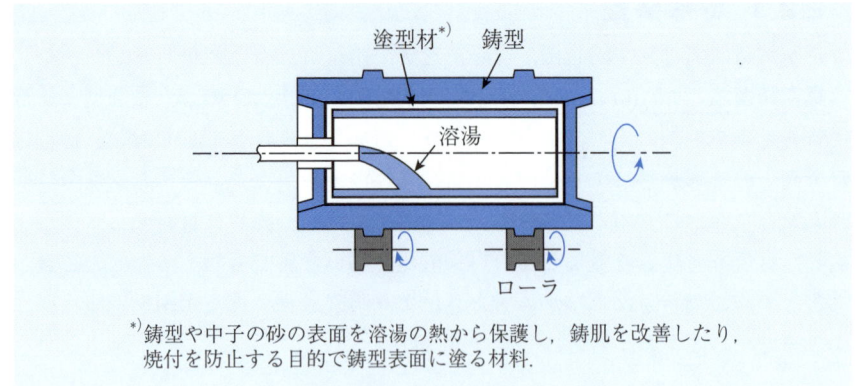

*) 鋳型や中子の砂の表面を溶湯の熱から保護し，鋳肌を改善したり，焼付を防止する目的で鋳型表面に塗る材料．

図2.10　遠心鋳造法による管の製造

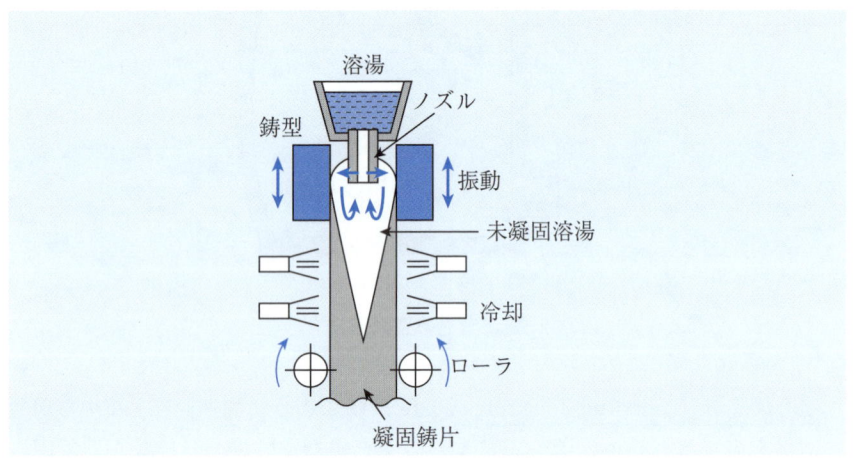

図2.11　鋼の連続鋳造

単純な断面形状の角材，幅広角材，丸棒を製造する方法である．鋳型に溶鋼が固着しないように鋳型に振動を付加している．製鉄所における主要な工程の一つになっている．設備費が高いが，生産性や歩留り[†]の高い方法である．

[†]原料の投入量から期待される生産量に対して，実際に得られた製品生産数（量）比率を表し，材料歩留りともいわれる．生産においては，生産された全ての製品に対する，不良品でない製品の割合に対しても用いられる．

2.3 鋳造の技術

目的とする製品が図2.12 **(a)** に示されるような中空円筒形状であるとすると，その模型は **(b)** に示されるような形状となる．この模型を使用して鋳型は **(c)** のような形状に製作される．鋳型は外型，主型，母型とも呼ばれる．鋳型の断面は **(d)** のような形状となり，長方形の鋳型の両側についている円錐台の部分は **(b)** の幅木†（core print）を受ける部分，幅木受けである．**(d)** に対して製品の中央の穴を構成する中子（tang）を挿入した鋳型断面の図が **(e)** となる．この状態で砂型が完成し，これに溶湯が注入されることになる．**(f)** は中子を製作するための模型，中子取り（core box）である．

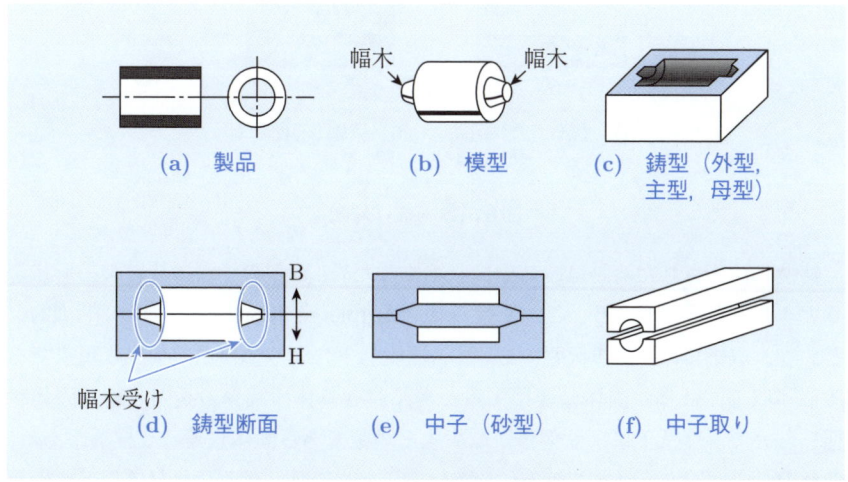

図2.12　模型と鋳物の関係

模型には，分割しないで一体で模型を作った単体型，二つ以上に分割して模型を作った割り型，複雑な形状のためにいくつかの部品を組み合わせて模型を作った組立型，製品が軸対象である場合に鋳物の一断面を持つ板状の模型を作るひき型（回し型），一様な長い形状の場合にその横断面を持つ板状の模型を作るかき型，骨組みで模型を作りそれに板や紙を貼って作る骨組型，歯車の歯のように

---

†鋳造工程で中子を鋳型に正確かつ確実に取り付けるために，所要寸法より長くした部分．

同じ形状のものが連続してある場合にその形の一部分を作る部分型などがある．中子を作るための模型の中子型の場合も同様である．鋳物砂を用いて鋳型を作成するとき，作成した砂型を壊さないように模型を抜き取る必要がある．そのため模型には図2.13に示されるように1/20～1/30の抜け勾配（draft angle）を付ける．

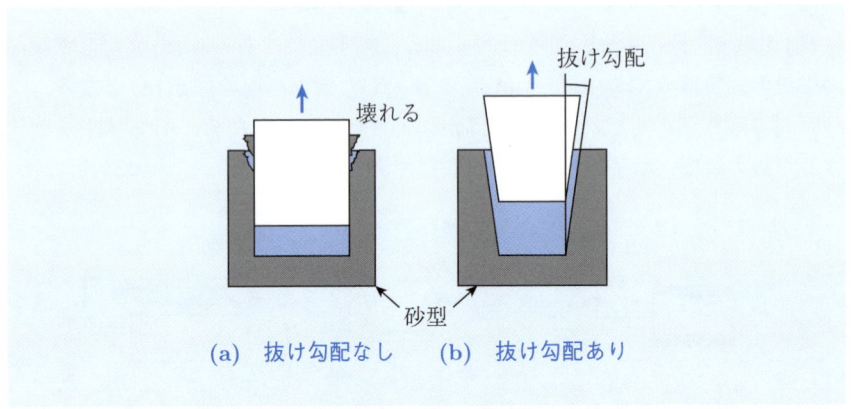

図2.13 抜け勾配

鋳型に注入された溶湯は冷却中に収縮するため，模型の寸法は最終製品形状より大きくする必要があり，これを縮み代（shrinkage allowance）あるいは伸尺という．収縮には，液体状態において，温度低下により体積が減少する現象である液体収縮，液体が固体に変移するときに起きる体積減少の凝固収縮，固体状態において温度低下により体積が減少する現象である固体収縮の3種類がある．それぞれの収縮率を考えて縮み代を設けることになる．縮み代は材質ごとに異なる．鋳造後に機械加工で仕上げるための厚みを仕上げ代（finishing allowance）という．仕上げ代も材質ごとに違った値を取り，直径が大きくなるにつれてこの値を大きくする．したがって模型の寸法は製品寸法に縮み代と仕上げ代を加えた値とする．

鋳型に接した表面から凝固が進行するため，図2.14に示すように中心部に気体の放出による微小孔や凝固冷却に伴う体積収縮による空孔（鋳巣（blow hole），ひけ巣（shrinkage cavity）），不純物の多い偏析[†]（segregation）が生じ

[†] 複数の元素からなる固体の場合に元素が一様に分布していない状態．

2.3 鋳造の技術

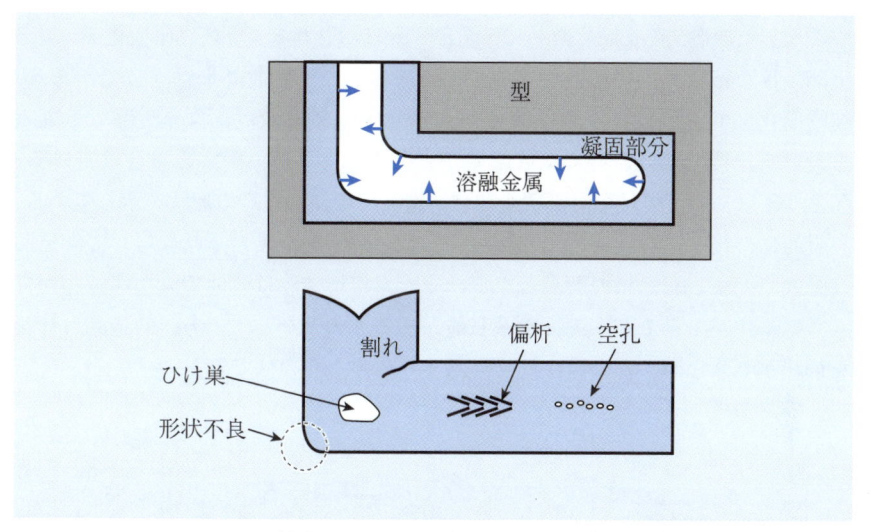

図2.14 鋳造における凝固の進行および欠陥の発生

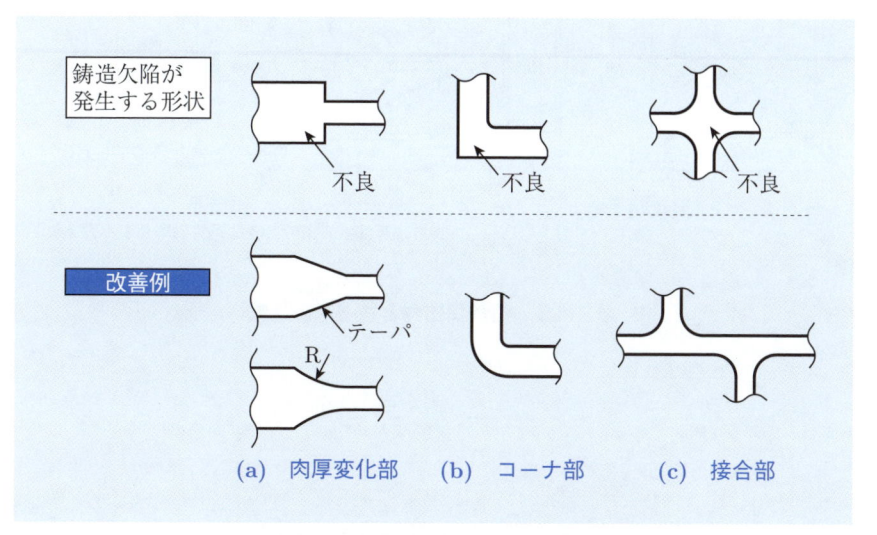

図2.15 鋳造欠陥を防ぐための形状設計

る．また，冷却時の不均一な温度変化から製品に残留応力や割れを生じる．

こうした鋳造欠陥を防ぐために，図2.15 に示されるように肉厚変化部，コーナ部，接合部では溶湯の流れや収縮率を考慮した形状設計を行う必要がある．肉厚変化部では段付き状態とはせず，テーパやRを設け，コーナ部でも丸みを設ける．接合部においては収縮率が大きくなるため，十字の接合は避ける．図2.16 は，同じ製品を溶接構造物と鋳造品で製作した際の形状を示している．一般的に溶接構造物は薄肉で角ばった形状の製品となり，それに対して鋳造品は厚肉で丸まった形状の製品となる．また溶接構造物は薄肉で大型構造物ができ，軽量化ができるが，剛性や減衰能が劣るものとなる．一方，鋳造品は複雑な形状ができるが，安全性が低く，あまり薄肉のものはできない．

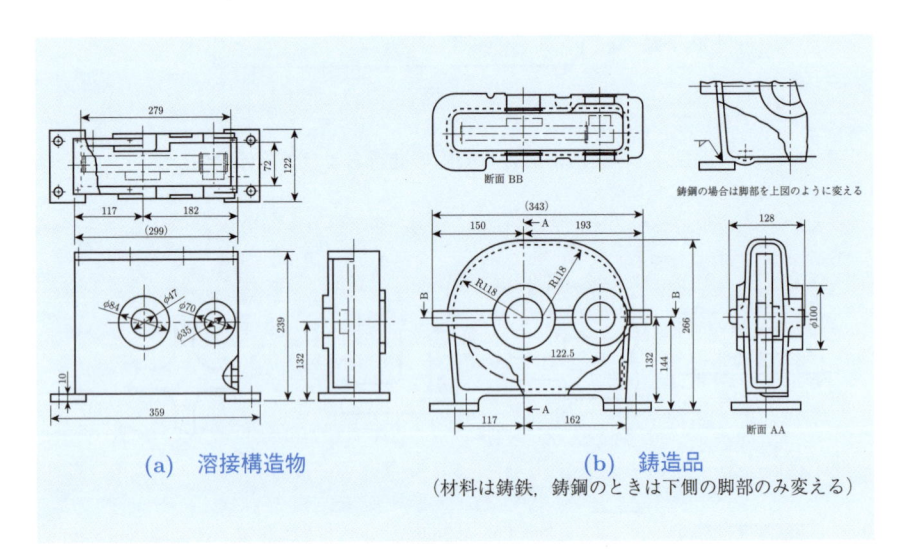

(a) 溶接構造物　　　　　(b) 鋳造品
（材料は鋳鉄，鋳鋼のときは下側の脚部のみ変える）

図2.16　溶接構造物と鋳造品の比較

2章の問題

- **2.1** 鋳造の欠点をまとめよ．
- **2.2** 鋳鉄・鋳鋼は軟鋼よりも炭素含有量が多い．どうしてか答えよ．
- **2.3** なぜ鋳型に砂が用いられるのか答えよ．
- **2.4** 砂型鋳造の問題点を説明せよ．
- **2.5** フルモールド法の欠点を説明せよ．
- **2.6** 真空鋳造法の特徴を説明せよ．
- **2.7** 遠心鋳造法の特徴を説明せよ．
- **2.8** 収縮にはどんな種類があるのか説明せよ．
- **2.9** 鋳造欠陥を防ぐためにはどのような形状設計が必要となるか説明せよ．
- **2.10** 溶接構造物と鋳造品ではどのように違うのか説明せよ．

第3章

塑性加工

　本章では，ロールやパンチ，ダイスといった工具（型）を用いて固体材料に塑性変形を与え，所要の形状寸法に成形する塑性加工について述べる．塑性加工は第1章で述べた前素形材の製造から，各種の工業製品や身近な日用品の製作に至るまで，非常に広い分野で使用されている．ここでは塑性加工の概要と塑性加工に属する各種加工法の特徴について述べる．

3.1 塑性加工の特徴と種類

3.1.1 塑性加工の特長

塑性加工(せいかこう)（plastic working）とは，金属材料などに力を加え，塑性変形を利用して製品を作る工作方法のことをいう．塑性加工は材料ロスが少なく，加工速度に優れる加工法である．**塑性変形**（plastic deformation）とは力を取り除いても元に戻らない変形をいい，これに対して力を取り除くと元に戻る変形を**弾性変形**（elastic deformation）という．塑性変形が起これば，曲げられた板は除荷後も曲げ形状を維持することになる．塑性変形を生じるものであれば，塑性加工は可能であり，金属材料と一部の有機材料（プラスチック）で行える加工法である．自動車等の生産では非常に多くの部品が塑性加工によって作られている．その理由は，大きな力を広い面積に作用させ，型（基準型）を用いて一気に転写加工を行うことで，加工速度が速く，大量に製造が行えるためである．また構造部材に塑性変形が残る特性を持っている金属材料が多く使用されていること，複雑形状・高精度部品は少ないことが，その理由である．

塑性加工では複雑な形状を製作することは難しいが，**図3.1**に示されるように最終製品に近い形状（ニアネットシェイプ，near netshape）に塑性加工を行うことで，加工時間，加工賃，強度などが改善される．塑性加工で最終製品まで作ることが少ないのは，力のかかる面積が大きく制御しにくく，除荷後に変形があるため，寸法精度・形状精度が悪いからである．特に特殊形状の場合，精度が確保できない．加工表面に大きなひずみが残留しており，耐食性や疲労強度等が問題となることがある．また物理的特性が表面のみ変化しているため，表面の物理的特性が求められる場合には適用できない．仕上げ面粗さが悪いことも問題となることがある．

塑性加工を第2章の鋳造，第5章の切削加工と特徴を比較すれば，**表3.1**のようになる．塑性加工の場合は，高硬度の材料，高耐熱性の材料は変形抵抗が大きく，工具摩耗や機械剛性が高くなるので不得意である．しかし，材料ロスが少なく（材料歩留りが良く），大量生産が可能で生産速度に優れる．鋳造は溶解できるものであれば何でも適用できるが，その品質は良くない．かなり複雑形状のものも製作できるが，少量生産で生産速度は低い．切削加工の場合除去加工であるため材料ロスが多く，高硬度材料やねばい材料など不得手とする材料

3.1　塑性加工の特徴と種類

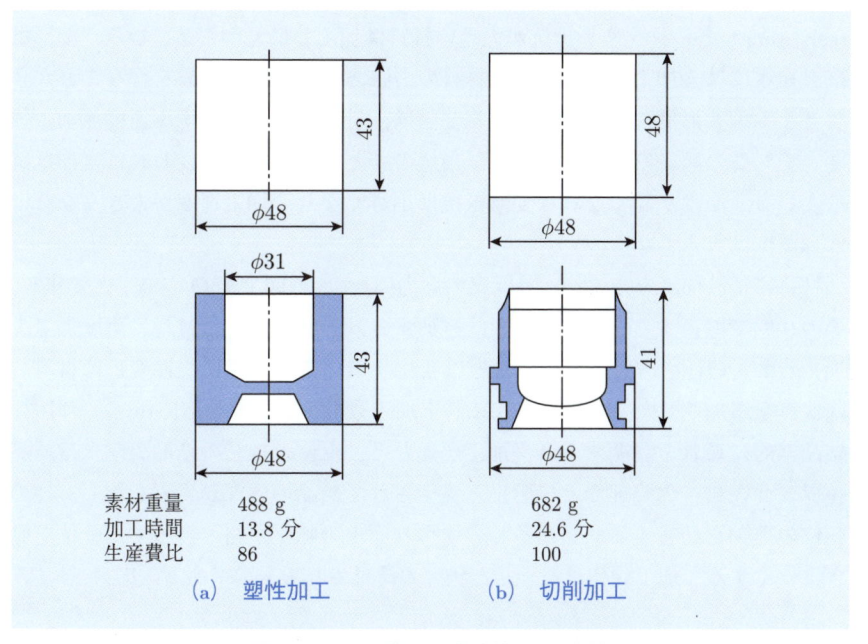

	素材重量	488 g	682 g
	加工時間	13.8 分	24.6 分
	生産費比	86	100

(a) 塑性加工　　　　(b) 切削加工

図3.1　塑性加工と切削加工の比較

表3.1　加工法の特徴比較

		塑性加工	鋳造	切削加工
品質	寸法精度	△	×	○
	表面性状	△	×	○
	材質改善	○	×	△
	素材自由度	△	○	△
経済性	形状自由度	△	○	○
	材料歩留り	○	△	×
	生産速度	○	×	△

○ 良い　　× 悪い　　△ 中間

がある．

　材料を変形させるときに変形に対して材料の示す抵抗を，**変形抵抗**(deformation resistance) という．変形抵抗が大きい材料は加工しにくいことになる．変形抵抗を知るには，加工しようとする材料の引張あるいは圧縮試験を行うことが必要となる．変形抵抗に影響を与える要因は，材質，温度，ひずみ速度（加工速度）で，この順に影響度は大きい．当然のことながら材質が変われば変形抵抗は変わる．温度が高くなれば変形抵抗は小さくなり，加工速度が大きくなれば変形抵抗は大きくなる．

　材料に塑性加工を施すと，図3.2の応力–ひずみ線図上で $O \to Y_1$ と変化し，その状態で除荷すると O_1 に状態は移動する．一度加工した材料に再度加工を加えると，$O_1 \to Y_1' \to Y_2$ と状態は変化する．このように塑性変形は材料の降伏点を増加させたことになる．これを**加工硬化**(strain hardening) と呼ぶ．結晶学的にこれを説明すると，加工が進むと，転位（線状の結晶欠陥）は結晶粒界，介在物，欠陥部などに阻止・集積されて結晶の内部ひずみを増し，他の転位の運動を妨害する．また多くのすべり面上の転位が絡み合って，転位を動きにくくする．加工硬化はこうした状態の結果生じるものである．応力–ひずみ

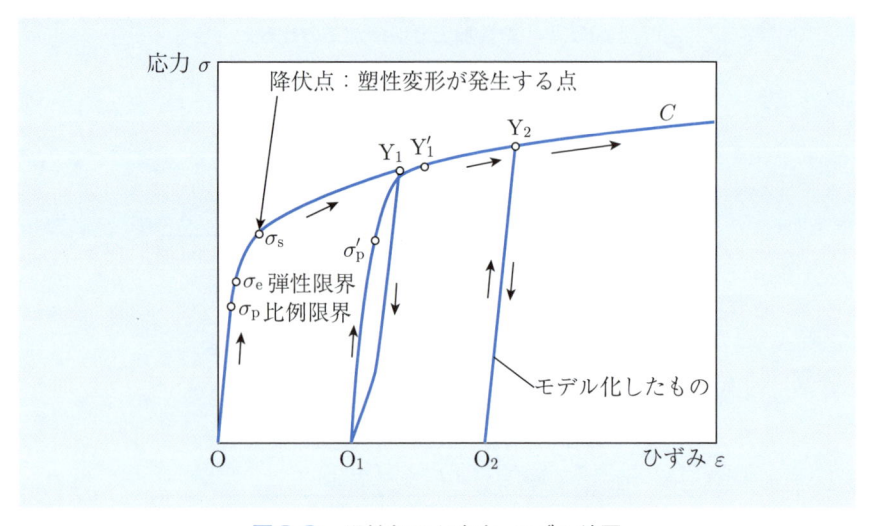

図3.2　塑性加工と応力–ひずみ線図

線図上で実際には $Y_1 \to O_1 \to Y_1'$ とヒステリシス†を示すが，$Y_2 \to O_2 \to Y_2$ のようにモデル化して示すことが多い．

3.1.2 塑性加工の種類

塑性加工は，**表3.2**に示されるように1次加工と2次加工に分けられる．**1次加工**は一様断面を持つ長い製品を作り出す加工で，一定加工力で実現される定常変形として実施される．一方，**2次加工**は間欠的な非定常変形として実施されるもので，加工力や加工面圧は工程中絶えず変化する．2次加工は1次加工が施された製品に対して行われる．

1次加工としての塑性加工には，圧延加工，押出し加工，引抜き加工，鍛造加工がある．2次加工としての塑性加工には，冷間鍛造加工，転造加工，せん断加工，曲げ加工，絞り加工，その他の成形加工がある．せん断加工，曲げ加工，絞り加工，その他の成形加工はプレス機を使って行われる加工で，**プレス加工**（stamping）といわれる．

表3.2　塑性加工の種類

1次加工	圧延加工	板，棒，線，管，形材
	押出し加工	棒，管，形材
	引抜き加工	棒，線，管
	鍛造加工	ブロック，複雑形状品
2次加工	冷間鍛造加工	機械要素部品
	転造加工	ねじ，歯車，軸類
	せん断加工　⎫ 曲げ加工　　⎬プレス加工 絞り加工　　⎪ その他の成形加工⎭	機械・構造物の骨組や外装に使われる部品

---

†ある系の状態が，現在加えられている力だけでなく，過去に加わった力に依存して変化すること．履歴効果とも呼ぶ．

3.2 圧延加工

図3.3のように回転する二つのロールの間に材料を摩擦によってかみ込み，厚さあるいは断面積の小さい板，あるいは形材[†]などを製造する加工方法を**圧延加工**（rolling）と呼ぶ．ロールにかみ込まれると，ロール周速よりも進行速度の低い板の表面のほうが中心部より先に進むが，出口に近づくと板の速度はロール周速より高くなり，表面は遅れ始め，その結果入口では垂直な直線は出口を出た後，うねった形になる．変形の集中する領域の形や大きさは，板の厚さと力学的性質，ロール半径，加工度，板とロールの間の摩擦力などにより影響される．板厚中心以外は付加的なせん断変形を受け，表面に近いほど，その全変形量は大きい．

図3.3のように圧延前後の板厚を h_1, h_2 とすると，**圧下率**（rolling reduction）r は次式で表される．

$$r = \frac{h_1 - h_2}{h_1} \quad \text{または} \quad \frac{h_1 - h_2}{h_1} \times 100\,[\%]$$

この値により加工度を示す．$\frac{h_2}{h_1}$ を圧下率としていないことに注意が必要である．

圧延を行うための加工機械を**圧延機**（rolling mill）という．圧延機は図3.4に示すように工具として材料に変形を与えるロールを保持している圧延機本体

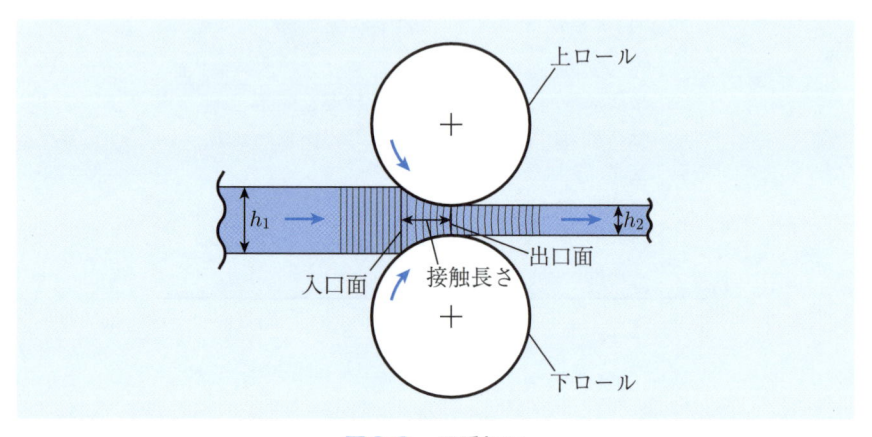

図3.3 圧延加工

[†] 単純な円形断面でないある特定の形状の断面形状を持つ長手材．

3.2 圧延加工

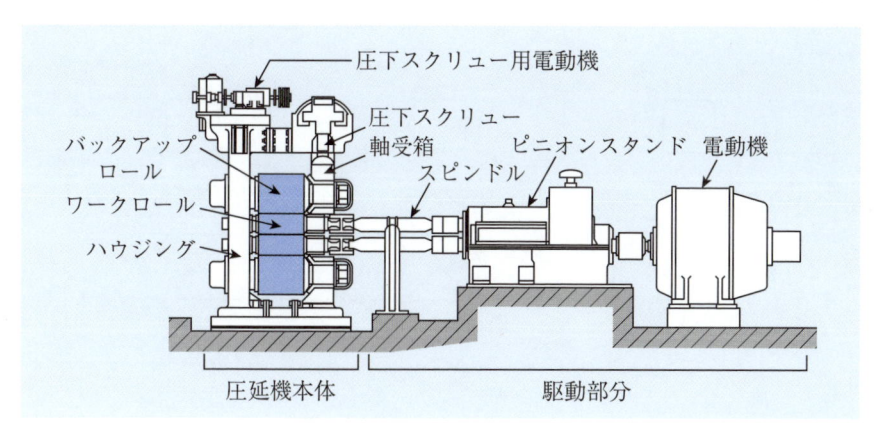

図3.4 4段圧延機

と，ロールに回転動を与える駆動部分とから成っている．圧延機はロール配列により2段圧延機，3段圧延機，4段圧延機，多段圧延機，ユニバーサル圧延機，プラネタリ圧延機に分類される．ここで段はロールの数を表している．

形材の圧延には図3.5のような溝を外周につけたロールが用いられる．上下のロールの溝によりできた孔の部分（I〜V）に材料をかみ込ませることで厚さを減少させ，希望の断面形状に変化させる．たとえば，丸棒を圧延により製作するために，図3.6に示されるような3種類の方式（パスライン）が用いられている．**(a)** の長円と角の方式は各パスでの断面減少率が大きい．**(b)** の菱形と角の方式では圧下率が一定で大きな形状の変化がないので，しごき効果で良好な製品肌が得られる．**(c)** の箱形と平の方式ではロールの加工が簡単という特徴があり，単純圧縮に近い形の変形が生じる．幅方向への材料流れに対して，孔

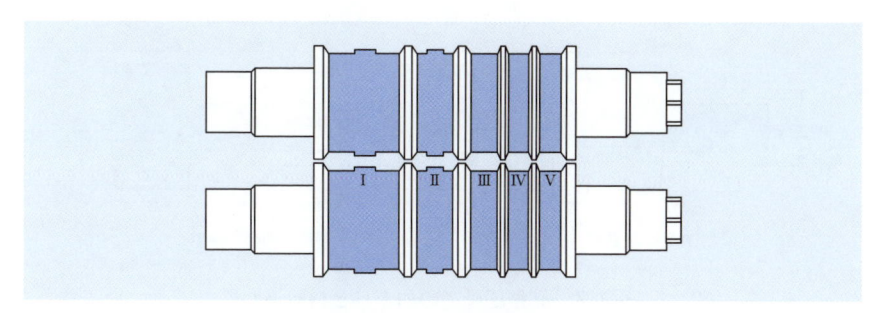

図3.5 孔型圧延ロール

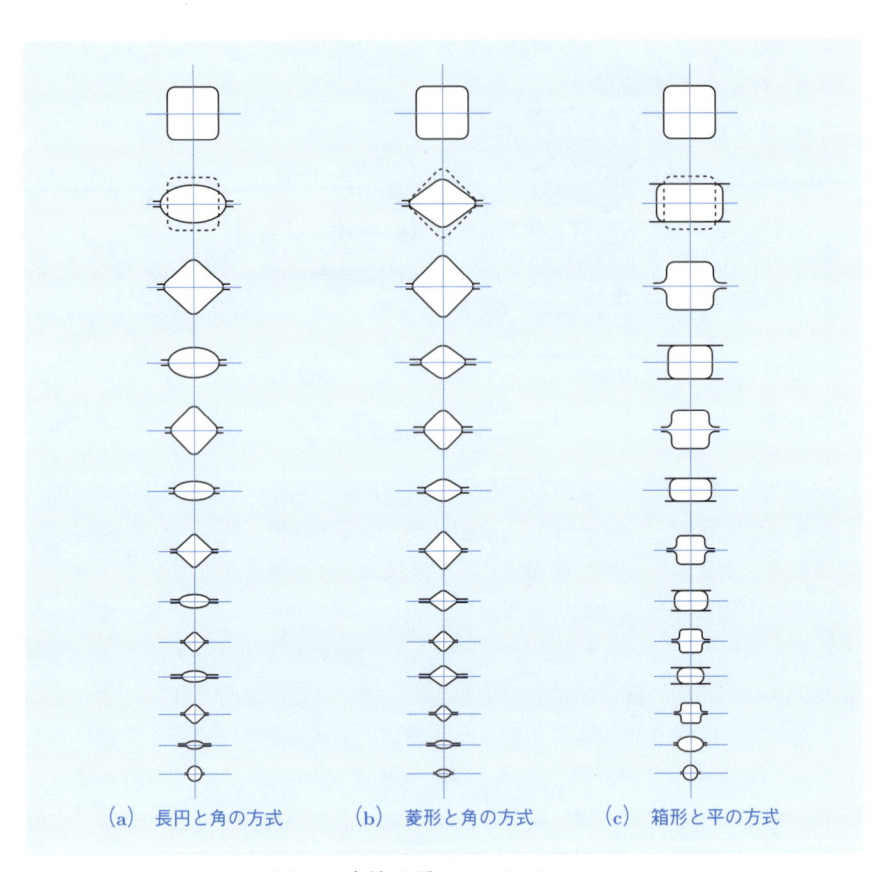

(a) 長円と角の方式　　(b) 菱形と角の方式　　(c) 箱形と平の方式

図3.6　丸棒圧延のためのパスライン

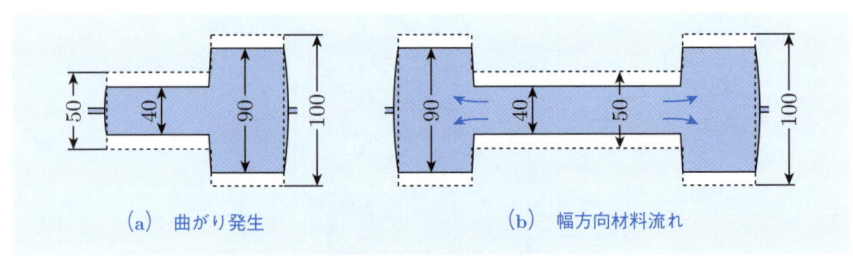

(a) 曲がり発生　　(b) 幅方向材料流れ

図3.7　孔型圧延での曲がりと材料流れ

形側壁部が拘束する結果，横断面内での流れの状況は複雑になる．

このような**孔型圧延**（groove rolling）においては，図3.7 **(a)** のように圧下量は等しくても，圧下率が異なると，圧延方向の伸びに差ができ，圧延材に曲がりが生じる．**(b)** のように対称形の場合，曲がることが許されないので，材料は圧延方向に伸びるばかりでなく幅方向にも流れ，断面内で伸びが一様になる．

鋼管（steel pipe）には**継目無鋼管**（seamless steel pipe）と**溶接鋼管**（welded steel pipe）がある．継目無鋼管では中実の素材を用い，穿孔機で厚肉の粗管を作り，それを各種の延伸圧延法で肉厚減少を行って製品とする．継目無鋼管は溶接部が無いため，パイプ周方向に力学的特性が均質で，内圧やねじれに強い．一方，溶接鋼管は，帯板あるいは厚板を使用し，これらを種々の方法で円筒形に成形した後，その突合せ部を溶接または鍛接して製品とする．表3.3に鋼管の製造方法をまとめて示している．

表3.3 鋼管の製造方法

継目無鋼管	穿孔圧延法	
	プレス穿孔法	
	押出し法	
溶接鋼管 （成形法と溶接法）	熱間ロール成形法	（鍛接法）
	ロールフォーミング法	（電気抵抗溶接法）
	ケージフォーミング法	（サブマージドアーク溶接法）
	UO プレス法	（サブマージドアーク溶接法）
	スパイラルフォーミング法	（サブマージドアーク溶接法）
	曲げロール法	（サブマージドアーク溶接法）

穿孔圧延法において，鋼管に穴をあける**穿孔圧延機**（piercing mill）の主ロールは図3.8のように中央に最大直径を有する円錐形をなし，表面角（半角）は3〜7°で直径のほうが胴長よりも大きく，その比は1：0.7である．垂直面に対しては互いに平行に，水平面に対しては互いに反対方向に傾斜角6〜15°だけ傾けている．ゴージ（ロールの最大直径部分）部にせん孔用のプラグがマンドレル（プラグを支える棒状の工具）により位置決めされる．主ロールは同一方向に回転するので，加熱された丸棒ビレットがロールの入口から入ってくると，ビレッ

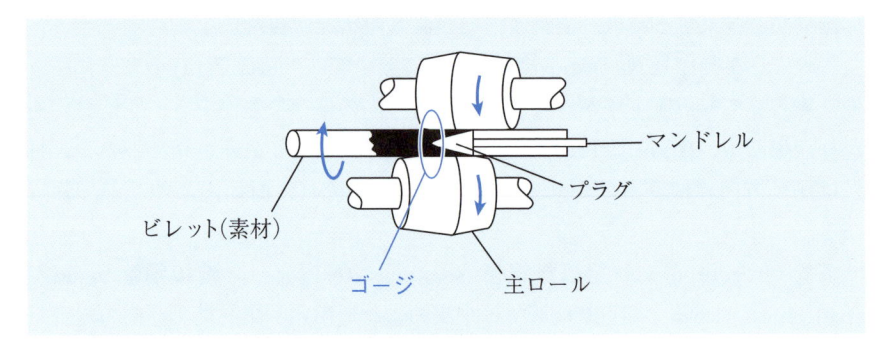

図3.8　穿孔圧延機の主ロール

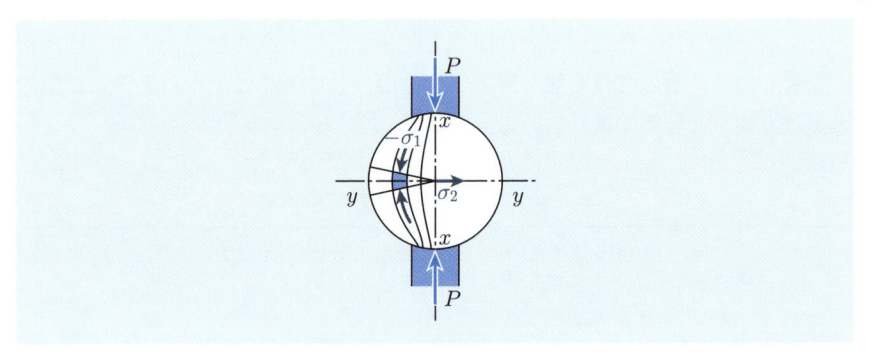

図3.9　穿孔の原理

トはロールと反対方向に回転しながら傾斜角の作用でゴージの方向に前進する．

　この穿孔の原理は次のように説明される．円形断面の材料に図3.9のように側面から圧縮力 P を加えると，中心付近に圧縮応力 $-\sigma_1$ と引張応力 σ_2 を生じる．この引張応力 σ_2 により材料の中心部は水平方向に引っ張られるので，材料を回転しながら連続的に側面から圧縮力を作用させると，中心部に亀裂を生じ，ついに穴があく．この方法はドイツのマンネスマン兄弟（ラインハルト&マックス）が1885年に発明した回転穿孔法で，**マンネスマン穿孔法**（Mannesmann piercing method）と呼ばれる．彼らが鋼の小径化に発明した3ロールによる圧延加工機では，丸鋼の中心部の割れ発生部にマンドレルを挿入することで高精度の継目無鋼管を製造する方法に至った．

3.3 押出し加工と引抜き加工

3.3.1 押出し加工

押出し加工（extrusion）は，図3.10のようにダイス（金型，extrusion die）を通して材料を押し出すか，逆方向に材料を押し出す加工法である．ポンチやダイスの前方に押出しする場合を**前方押出し**（forward extrusion），押し込み方向と逆方向に押し出す場合を**後方押出し**（backward extrusion）と呼んでいる．押出しではビレット（素材，billet）は工具によりそのほぼ全表面が拘束され，3軸方向から高い圧縮応力を受けながら成形する．そのため

① 材料の変形能（変形しやすさ，deformability）が向上し，一度に大変形を与えることができる．押出し比（ビレット断面積/押出し品断面積）ではアルミで500，鋼で40程度と高い値が得られる．
② 別個材料の密着性が向上する．異金属材料を合わせて押出すと，複合材料ができる．
③ 材料の工具への密着度が高い．ビレットの断面形状・寸法が異なっていても問題がなく同一の押出し製品が得られる．ダイス1個交換するだけで異なった断面のものを作ることができる．

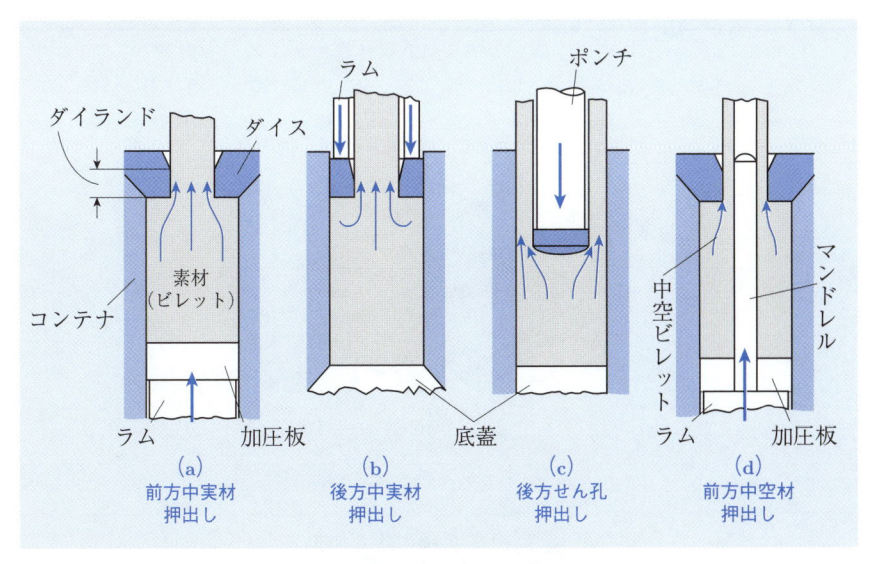

図3.10 各種押出し加工
(a) 前方中実材押出し
(b) 後方中実材押出し
(c) 後方せん孔押出し
(d) 前方中空材押出し

一方，欠点は，工具と機械に高い圧力がかかるため，工具にも機械にも高剛性・高強度が必要となる．また生産性が低い．大変形による過熱防止のため押出し速度に制限があり，材料体積にも制限がある．これは長いコンテナ（工具，container）に長いビレットを挿入すると，摩擦面積が大となり，押出し荷重が過大となるためである．

3.3.2 引抜き加工

引抜き加工（drawing）は，図3.11に示されるように工具（ダイス）の隙間を通して材料を引出すことにより，素材の断面積を減少させ，時には同時に断面形状を変えることにより，長い製品または素材を作る定常変形を主とした加

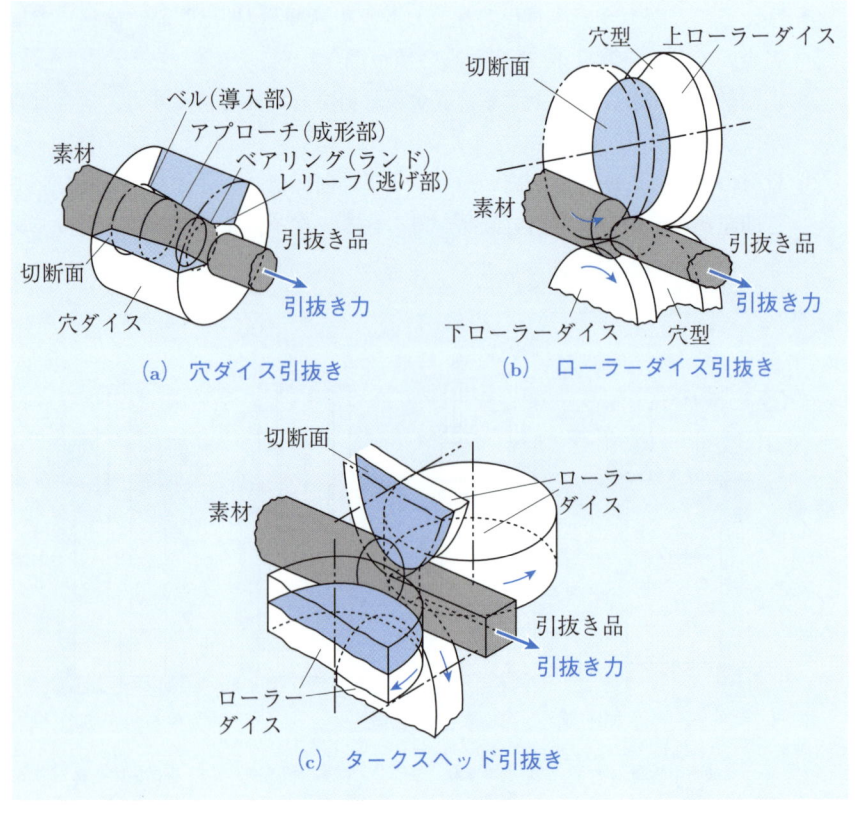

図3.11　各種引抜き加工

工法の総称である．線の引抜きは，**伸線**または**線引き**（wire drawing）と呼ばれる．一般に冷間（室温）で行われる．タングステンのような常温で変形能が低い材料では温間（室温以上再結晶温度以下），あるいは熱間（再結晶温度以上）で加工される．引抜き加工の長所は

① ダイスの穴を冷間で引き通す引抜き品の寸法精度は極めて高いこと
② 表面が極めて滑らかであること
③ 断面が非常に小さな長尺品を作れること
④ 作業が連続的で高速であること
⑤ ダイスの交換のみで異なる断面を成形できること
⑥ 冷間加工硬化で製品の弾性限度が向上すること

などである．銅・アルミニウムでは，直径 $10\,\mu m$ までの線を，ステンレス鋼では直径 $0.5\,\mu m$ までの線を製作できる．

一方，欠点は1回の引抜きで達成できる断面減少率は低いこと，材料内部あるいは表面に割れを発生し易いこと，引抜きではダイス穴形状が複雑になると，押出し加工と異なり，その穴をいっぱいに満たして流出できないので，比較的簡単な形材しか作れないことなどである．

押出しと引抜きは形態的に非常に似た加工法ではあるが，その特性は大きく異なっている．押出しではダイスを出た後の状態には関与しないので，1次加工向きで，押出し圧力は変形抵抗より大きく，複雑な穴形状でも穴の通り加工され，複合材料が製造できる．これに対し，引抜きでは精度のよい製品が作れるが，引張のため割れが発生し易く，異種材料の混合はできない．また引抜き圧力は変形抵抗より小さく，複雑な孔ではその通りの製品を作ることができない．断面減少率が小さく，2次加工向きの加工法である．

3.4 鍛造加工

鍛造加工（forging）は被加工材の一部または全体を工具により押しつぶすことにより，所定の形状・寸法を有する製品を得る塑性加工法である．刀や鍋の成形に使用されている．鍛造加工は

① 用いる工具・金型の形式により，自由鍛造，型鍛造，ロール鍛造
② 被加工材の加熱温度により，熱間鍛造，温間鍛造，冷間鍛造
③ 加工力を加える方式により，据込み鍛造，押出し鍛造，揺動鍛造，回転鍛造

に分類できる．図3.12 (a)のように軸方向に圧縮する作業は**据込み**（upsetting）と呼ばれる．一方，**(b)～(e)**のように横方向に圧縮する作業には，広げ（spreading），幅広げ，伸ばし（stretching）がある．

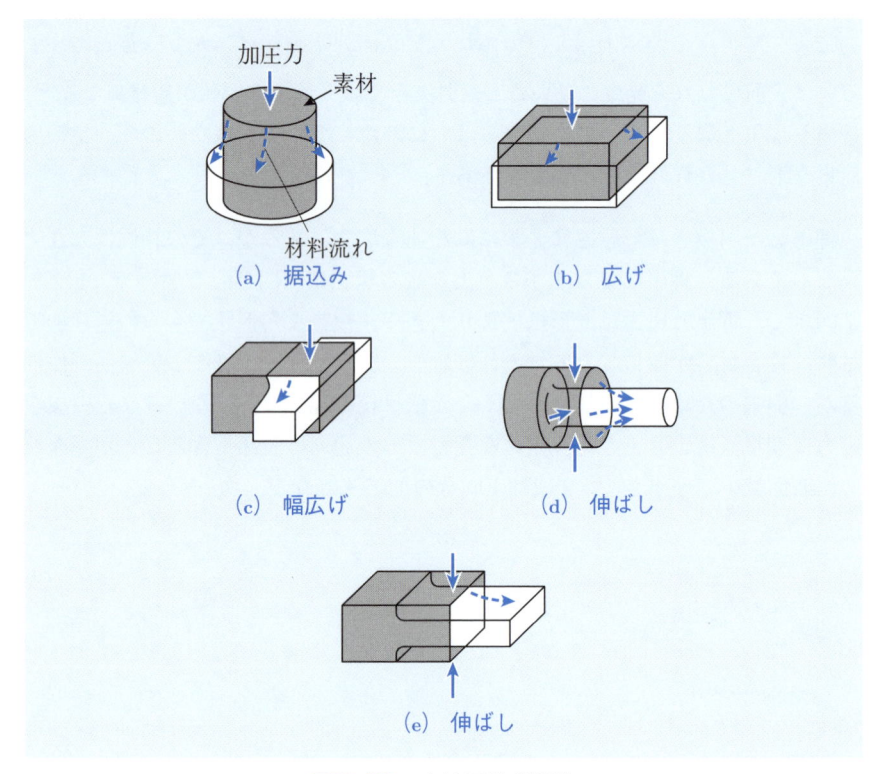

図3.12　直接圧縮式鍛造

自由鍛造（open die forging） 表面が平面か，あるいは単純な曲面をした汎用の工具を用い，被加工材の表面の大部分を自由にしたまま種々の方向から繰り返し圧縮を与えつつ目的とする形状へと変形させていく鍛造法である．被加工材の軸に垂直な方向から局部的な圧縮を加える加工法として，伸ばし鍛造がある．

型鍛造（closed die forging） 目的とする製品の表面形状に合致する形状を持つ金型（die）と呼ばれる工具により，被加工材の表面の大部分または一部を同時あるいは逐次的に加圧し拘束しつつ変形させて金型形状になじませる，または被加工材を金型内の空間部分（キャビティという）へ充満させて目的とする形状を作り出す加工法である．金型が被加工材に加える拘束の度合いにより，密閉型鍛造（closed die forging），半密閉型鍛造（semi-closed die forging）に分けられる．この他にも，据込み，ヘッディング[†]（heading），揺動鍛造[††]（orbital forging），押出し，組合せ押出し，コイニング[†††]（圧印，coining）なども型鍛造の部類に入る．型鍛造では，型に倣った精度の高い製品が短時間で製造でき，大量生産向きであるが，型の製作にお金がかかる．これに対し，自由鍛造では工具にコストはかからないが，加工に時間がかかり，熟練が必要で少量生産向きである．

鍛造は，厚さあるいは太さの比較的大きい素材を圧縮成形するので，製品も肉が厚く，強度および剛性の高い品物が大部分となる．

鍛造の長所は
① 材料中には加工の際1～3方向の圧縮応力が生じ，材料の変形能が高くなり，大変形を与えられること
② もろい材料を鍛錬して強靭にしたり，大変形による加工硬化を利用できるだけでなく，粉末の焼結品素材の空洞を閉じさせたり，異種材料の圧接を行うことができること

[†] 棒材または管材の端部を据え込んで，横断面積の大きい頭部を成形する鍛造．
[††] 一方の金型の中心軸が，相手の金型の中心軸に対して揺れまわりながら，材料を局部的に軸方向に圧縮，成形していく鍛造．
[†††] 表面を平滑にしたり，厚さを精密に出したり，低い凹凸を付けたりするために，型を押し付けて行う軽度の鍛造．

③ 材料内に繊維組織のあるものの鍛造では，その繊維が鍛造品の表面に沿って通っており，表面に生じる引張応力に対して強靭となること

である．自由鍛造は工具が汎用なので，多種少量生産に適しており，かなり複雑な形状を作り出すこともできる．局部加圧であるから，加工荷重も低くて済み，大形品も比較的小さな容量の機械で加工できる．素材中心部の欠陥を優先的に鍛練消滅させることもできる．型鍛造は寸法精度の良好な製品を高速に大量生産できる．

一方，鍛造の欠点は
① 材料と工具の接触面に働く単位面積当たりの圧力は，非常に高く，工具損傷が生じ易いこと
② 鍛造作業は危険を伴い，騒音・振動問題が大きいこと
③ 自由鍛造は全体を形作るのに時間がかかり，作業者の熟練を必要とし，製品の表面および寸法精度の再現性が悪いこと
④ 型鍛造は型と機械が高価なこと

である．

3.5 板材成形

プレス加工は，成形，接合，分離，矯正などの作業に分類できる．鍛造押出しでは，材料の大部分が複雑な変形を受け，素材とは全く異なる形状・外観の製品となるが，**板材成形**（sheet metal forming）では，曲げ，ねじり，張出し成形（stretch forming），フランジ成形（flanging），深絞り加工（deep drawing）などのように，元の素材である板としての形は保ちながら，外観を変えるような加工が行われる．薄板の成形加工には，**表3.4**に示されるように8種類の加工がある．また管材の2次成形には，**表3.5**に示されるように管端部の口広げ（flaring），口絞り（nosing），縁巻き（curling），バルジ成形（bulging）などがある．線材の2次成形には，コイルばねなどのばね，ワイヤロープなどのワイヤフォーミング（wire forming）がある．

接合は，各種の成形作業を利用して，二つ以上の部品を組み付ける加工方法である．図3.13のようにはぜ†折り継ぎ（side seaming），はぜつぶし継ぎ（double

表3.4 薄板の各種成形加工

曲げ加工 （直線曲げ）	V U	引張り成形	
フランジ成形 （曲線曲げ） （伸びフランジ成形と縮みフランジ成形）		深絞り加工	
ねじり加工		しごき加工	
つば張出し （バーリング）		エンボス成形	

---

†板を接続する場合に用いる折り曲げの部分．

表3.5　管および深絞り品の2次成形

口広げ		バルジ成形	
口絞り (ノージング)		縁巻き (カーリング)	

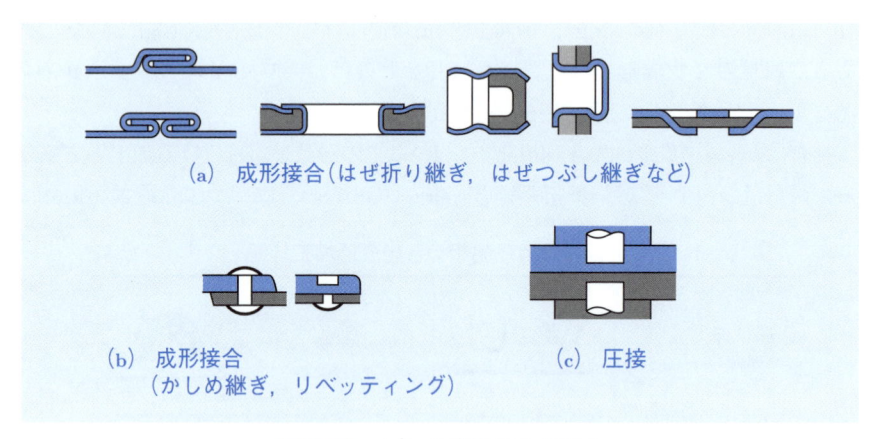

図3.13　プレス成形による接合

(a) 成形接合(はぜ折り継ぎ,はぜつぶし継ぎなど)

(b) 成形接合
(かしめ継ぎ,リベッティング)

(c) 圧接

seaming),鍛造的な手法によるかしめ[†]継ぎ(caulking)がある．また固体拡散[††]を伴う圧接(pressure bonding)もある．この中で,固体拡散を伴う圧接は境界が連続的となるので,最も接合強度が高くなる．

　分割は分離加工のうち,材料または成形品を二つ以上に分割する方式の加工をいう．プレス加工工程で行うときはせん断(shearing)が主となる．その他,くさび状工具を材料に食い込ませて,その先端に生じる引張破断を利用する方法,仕上げ抜きのように材料を押出し加工により分離する方法がある．材料の分割加工は

[†]分解する必要が無い箇所について,リベットを加圧することにより接合する方法．
[††]固体中の原子の移動が起きる現象．

① せん断機（shearing machine）を用いる狭義のせん断加工（または切断）
② 各種のせん断型をプレスに取り付けて複雑な形状・寸法の部品を分割加工する方法

に大別される．

①は，長尺の板・棒・線などを必要な長さにするときに用いられる．通常は図3.14のように対向する二つの平行な切れ刃（直線刃）でせん断が行われる．

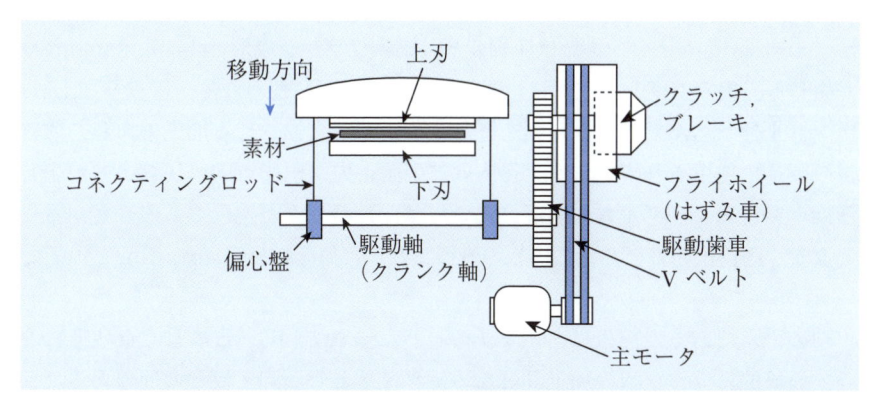

図3.14　せん断機

②は，せん断輪郭に応じた上下の切れ刃を持つポンチとダイスをダイセットに固定して心合わせした後，これらをプレスに取り付け，ラムの下降運動により行われる．穴あけ加工（穴抜き，ピアシング（piercing），パンチング（punching））では，ポンチ切れ刃部の形状・寸法を加工品の穴と等しくとり，ダイス穴切れ刃はそれよりわずか大きくする．この片側の隙間を**クリアランス**（clearance）という．抜き落とされた切片を加工品とする打抜き加工（外径抜き，ブランキング（blanking））では，穴あけとは逆に，ダイス穴切れ刃部分の形状・寸法を加工品と等しくする．

曲げ加工（bending）はプレス，ロールなどにより，板材，棒材，管材などに必要な曲げ変形を与える加工である．図3.15に示されるように，突き曲げ，折り曲げ，送り曲げの3種類がある．**(a)**の突き曲げは型曲げともいい，プレス機械に金型を取り付けて曲げる方法である．極めて適用範囲が広い．金型を用い

たU曲げ，V曲げ等がある．曲げに使用するプレス機はプレスブレーキ（press brake）と呼ばれる．機械式と油圧式のものがある．**(b)** の折り曲げは抑え巻き，巻付け曲げともいわれ，材料の一辺を固定し，他方を型に沿って曲げていく方法である．**(c)** の送り曲げは，3本あるいは4本のロールの間に板材を送り込んで曲げるなど，材料が連続的に移動しながら曲げられる方法である．スパイラル溶接鋼管の製造に用いられている．送り曲げでは連続的な加工が行えるが，基準面を持たないため加工精度は高くない．

曲線縁に沿って曲げ加工を行うと，曲げ縁方向に引張変形（**伸びフランジ成形**（stretch flanging））または圧縮変形（**縮みフランジ成形**（shrink flanging））が生じる．縮みフランジ成形は，浅い絞り品の成形に使われる．深絞り加工は，ポンチを押し込んで平らな薄板を底付きの容器に変形させる加工である．飲料缶の製造に使用されている．半径方向に引張応力，円周方向に圧縮応力が生じる．ポンチおよびダイスの設計においては，角の丸みが適正であることが重要となる．円筒缶の外径を元の円板の直径で割った値を**絞り率**（drawing rate）という．

初め平らであった円板は，ポンチの進行につれて図3.16のような状態になり，最終的にコップ状の加工品となる．ダイスとしわ押え板との間にあるブランクのフランジ部分1には，半径方向に引張，円周方向に圧縮の応力が生じる．4の箇所は半径方向および円周方向の両方向とも引張応力が発生するため，材料が伸び，割れを生じ易い．

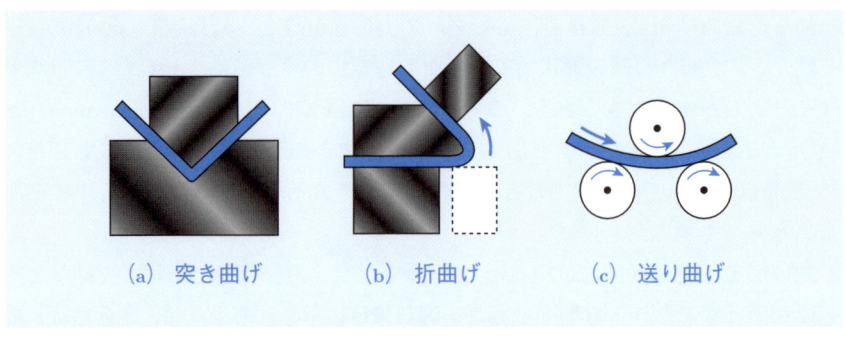

(a) 突き曲げ　　(b) 折曲げ　　(c) 送り曲げ

図3.15　曲げ加工

3.5 板材成形

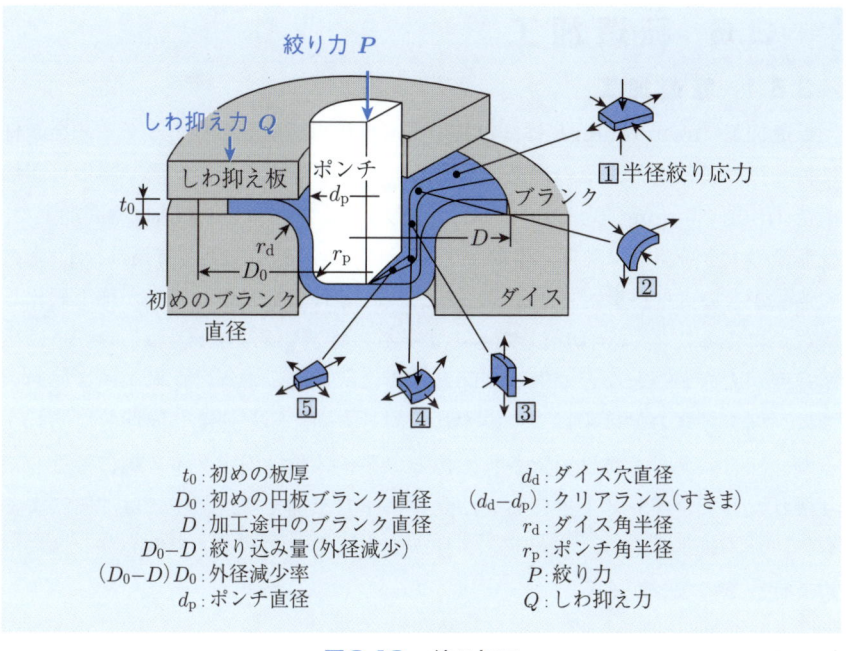

t_0：初めの板厚
D_0：初めの円板ブランク直径
D：加工途中のブランク直径
D_0-D：絞り込み量（外径減少）
$(D_0-D)/D_0$：外径減少率
d_p：ポンチ直径
d_d：ダイス穴直径
(d_d-d_p)：クリアランス（すきま）
r_d：ダイス角半径
r_p：ポンチ角半径
P：絞り力
Q：しわ抑え力

図3.16　絞り加工

● はさみによる切断 ●

　はさみによる切断は実はせん断である．通常のはさみは，刃先と刃元では切れ味が異なる．刃元は切れ味が良く小さな力で切断が行えるが，刃先に行くにしたがって切れ味が落ち，大きな力が必要となる．これは刃先に行くほど開きの角度が小さくなり，切るものとの接触領域が大きくなるためである．最近この点を改良して，切れ味の変化が少ない，刃先でも開きの角度が小さくならないはさみが発売されている．

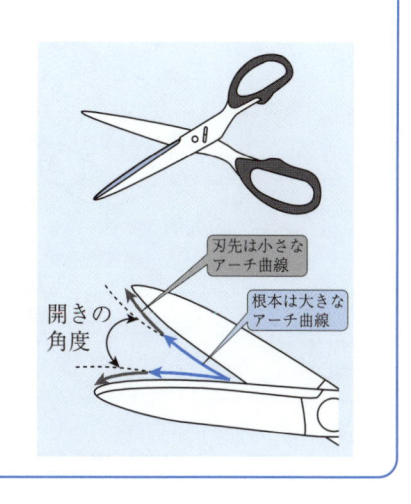

3.6 転造加工

3.6.1 転造加工

転造加工（form rolling）は，ねじの山形や歯車の歯形を有するダイスを素材に押し付けて転がし，その形を写し出してねじや歯車を作る方法である．回転鍛造（rotary forging）ともいわれる．変形量の少ないねじの転造は冷間加工で，変形量の大きい歯車は熱間・冷間加工で行われる．転造加工の特長は，① 素材の無駄がない（材料歩留まりが高い）こと，② 塑性変形により谷底が加工硬化し滑らかになること，③ 切削したものより強度が高いこと，④ ねじの転造は生産速度が大きいことなどである．図3.17 に示されるように丸形ダイスにおいては，両ダイスの軸は平行で，いずれも同じ方向に同じ速度で同期的に回転するが，一方のダイス軸は固定され，他方のダイス軸は固定ダイス軸に接近したり離れたりでき，レスト上においた素材に圧力を加える．押圧には油圧によるもの，カムによるもの，リードスクリュによるもの，ダイスを偏心ブシュにはめて行うものなどがある．

3.6.2 スピニング加工

スピニング加工（spinning）とは，図3.18 に示すように回転する成形型（マンドレル）に板状や管状の素材（ブランク）を加工ローラやへらで押し付けて

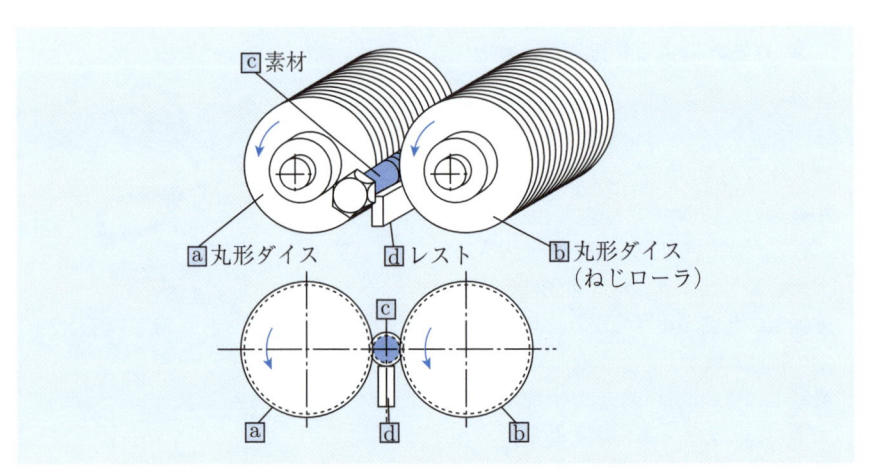

図3.17　丸形ダイスによるねじの転造

成形する塑性加工の一手法のことである．へらで行う加工はへら絞り（lancet）と呼ばれる．スピニング加工の特長は，① 所要動力が比較的少なくて済むこと，② 材料の局所的延性を利用するため，全体として相当大きな変形ができること，③ 材料費および工具費の節減ができること，④ 表層の硬化が期待できることである．欠点は回転させて加工をするため，その工法上多角形や楕円などの製品は製作できないことである．

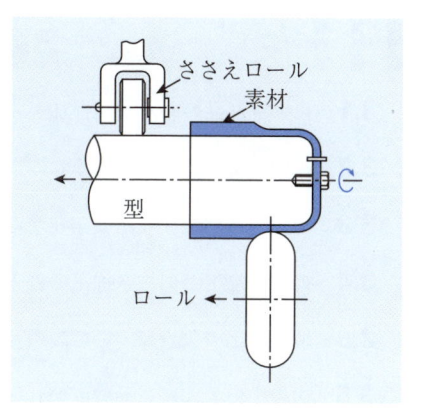

図3.18 スピニング加工

3.6.3 その他の転造加工法

その他の転造加工法として，寄せ転造，歩み転造，押し込み転造がある．寄せ転造（in feed 転造，plunge 転造）は，回転するダイスの距離を狭めていき，工作物にダイスを押し付ける方法で，加工の完了位置まで序々にダイスを押し込み，成形していく最も一般的な方法である．歩み転造（通し転造，through feed 転造）は，加工中に発生する「歩み」と呼ばれる現象を利用して，工作物を軸方向に移動させながら転造する．歩みを発生させるためにダイスを取り付ける主軸は傾斜しているが，主軸に傾斜機能の無い機械では歩み転造用にリード角を補正したダイスを使用する方法をとる．加工中のダイス間距離は一定に保ち，工作物がダイス間を通過する間に加工される．この方法により長物のねじやウォームなどの加工が可能になる．加工品は，頭やフランジが無く，リードを有するものに限定される．押し込み転造（force through-feed 転造）は，回転するダイスの距離を一定に保ち，手前側から工作物の軸方向へ押し込みながら加工する方法である．この転造方法では，工作物を押し込むための装置が必要になる．モジュールの大きいスプライン，セレーション等の加工に用いられる．

転造加工の欠点は精度の確保が難しいことである．局所的な圧力を加える塑性変形を行うことから，工具によって拘束されていない部分も変形する．そのため，研削（切削）加工などに比べて精度の確保が難しくなる．

3章の問題

- **3.1** 自動車部品の多くが塑性加工で製作される理由を説明せよ．
- **3.2** 変形抵抗に影響を与える物理量を説明せよ．
- **3.3** マンネスマン穿孔法で穿孔が可能になるしくみを説明せよ．
- **3.4** 押出し加工と引抜き加工の差異を説明せよ．
- **3.5** 鍛造加工の欠点について説明せよ．
- **3.6** 幅の広いせん断において切れ刃が傾けられている理由を説明せよ．
- **3.7** せん断機によるせん断とプレスによるせん断の差異を説明せよ．
- **3.8** 送り曲げの形状精度が劣る理由を説明せよ．
- **3.9** 転造加工の特徴を説明せよ．
- **3.10** スピニング加工の特徴を説明せよ．

第4章

粉末成形

　粉末成形とは，金属粉を金型に充てんして固化成形した後に，焼結し，機械部品を製造するプロセスである．金属粉だけでなく最近ではセラミックス粉も対象とされている．日本における焼結機械部品は，当初家電関連から出発して次第に自動車部品に主力が移り，1945年頃から本格的に作られるようになり，特に1965年以後の成長が著しい．そのため粉末成形は，他の素形材加工技術よりも新しい．本章では，各種粉末成形の技術を工程順に紹介する．

4.1 粉末成形の特徴

粉末成形（powder molding）とは，図4.1のように粉末を金型内に入れて加圧成形し，これを型から取り出し融点以下の高温度に加熱し，粉末を結合させて製品を得る方法である．加熱による粉末の結合を焼結（sintering）と呼ぶ．粉末が金属粉末の際には粉末冶金（powder metallurgy）と呼ばれる．粉末成形の長所は

① 材料の自由度が高く，複合材料の製造も可能であること
② 含油軸受・フィルタ等の多孔質材料が製造可能であること
③ 高精度部品を経済的に大量生産が可能であること
④ 材料歩留りが良く，省資源であること

などである．しかし，粉末原料が高価なため，他の方法では製造困難あるいは高価になる場合に，粉末冶金が使われる．鉄系・銅系粉末によるブシュ，ワッシャ，ギヤなど自動車部品の機械部品，鉄系・銅系粉末による多孔質軸受の含油軸受がある．またWC（炭化タングステン）基で耐摩耗性に優れ，切削工具などに用いられる超硬合金，高融点金属のタングステンやモリブデンなどと電気伝導性の良い銀，銅などとの複合体で，接触抵抗が低く，電気伝導性が良く，耐摩耗性，耐溶着性，耐アーク性に優れる電気接点材料などである．

粉末成形の欠点は

① 少量生産では割高となること
② 形状・寸法に制約があること
③ 強度の低い多孔質体であるため，後処理は注意を要すること

などである．

4.1 粉末成形の特徴

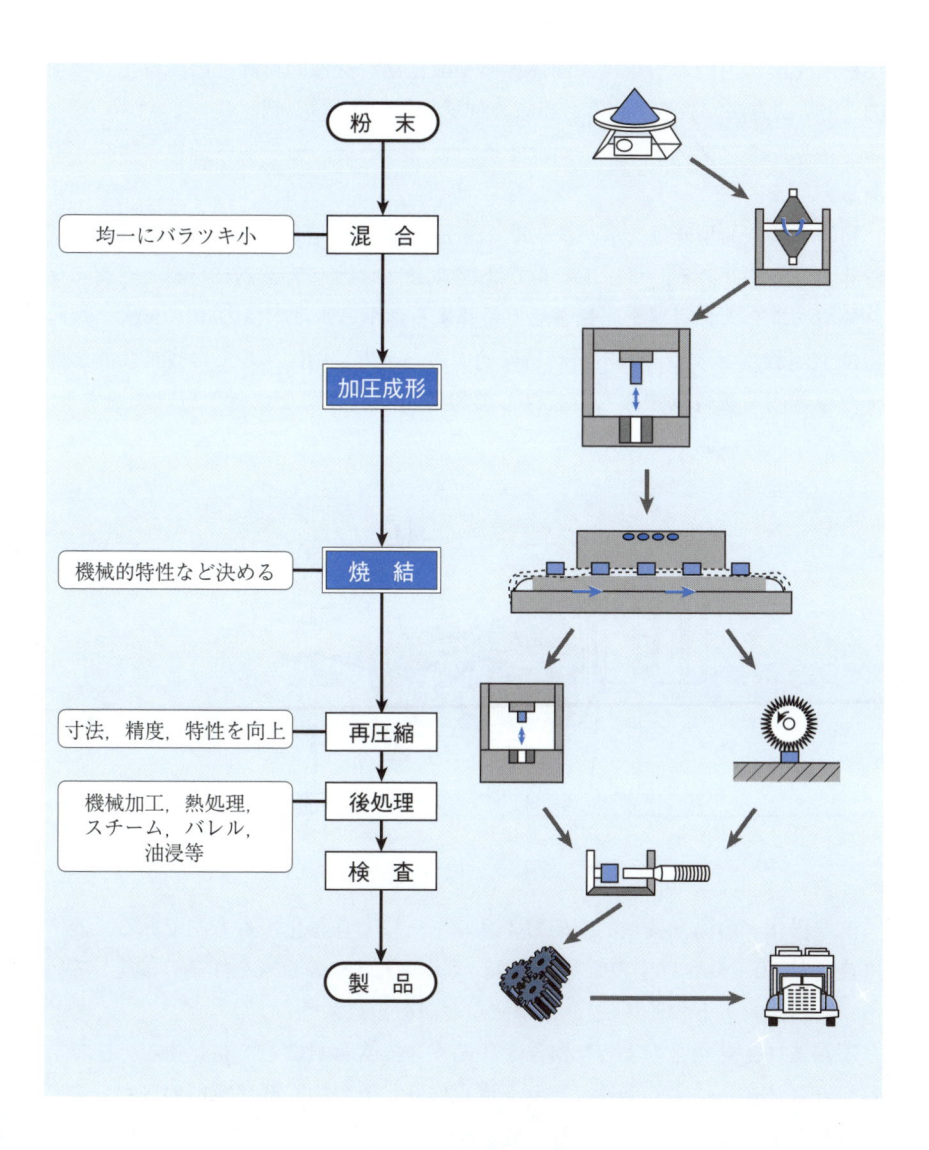

図4.1 粉末成形の工程

4.2 粉末の製造方法

粉末成形に用いる粉末は，固体金属や酸化物の機械的粉砕，溶湯粉化，物理的・化学的方法で製造される．粉末の材質としては，鉄，銅，アルミニウム，鉛，ニッケル，タングステン，フェライト，セラミック，その他各種化合物などである．

粉砕 機械的粉砕は，ボールミル，渦流(うずりゅう)ミルなどを用いて，材料を機械的に粉砕する方法である．ボールミルでは図4.2のように容器内に材料とセラミックスボールを入れ容器を回転させて粉砕する．ボールは容積の40〜50％，被砕物は10％程度とする．もろい材料に適する．一方，渦流ミルでは撹拌装置を備えた容器内で被砕物を激しく撹拌して粉砕する．強靭な金属の粉砕に適する．粉末の粒形状は偏平状，粒状となる．

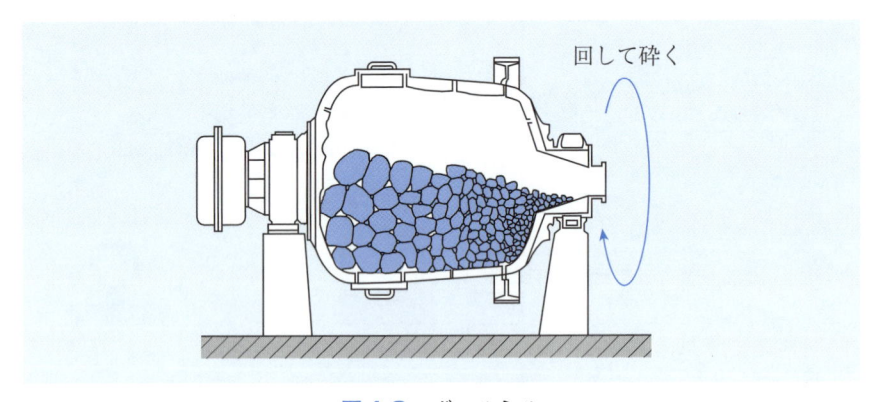

図4.2 ボールミル

溶湯粉化 溶湯を機械的な衝撃エネルギーにより粉化する方法である．能率は良いが，0.1 mm以下の微粉は作りにくく，大きめの粉末を作るのに適している．噴霧法（アトマイズ法），衝撃法などがある．

噴霧法は，霧吹きのように溶湯を圧縮ガスで吹き飛ばして粉化する方法である．ガスノズルにより渦巻ジェット流を作り，その中心部に容器の底から流出する溶湯を流し込んで粉化する．粉末の粒形は丸味を帯びた複雑な形状となる．アルミニウム，銅，鉄，低融点金属の粉化に用いられる．

衝撃法は，容器底から流出する金属をその下部に設けた高速回転円板の周辺

に落とし，遠心力により放出させ粉化する方法である．

物理的・化学的方法　金属化合物の還元，熱分解・電気分解などにより行う．タングステン，モリブデン，鉄，ニッケル，コバルト，銅，鉛などの酸化物は水素による還元が容易で，細かい酸化物を還元して粉末にできる．酸化銀，金や白金の塩化アンモニウム塩などは，加熱することで金属粉末にできる．

　銅，鉄，ニッケル，クロム，銀，鉛，亜鉛，スズあるいはこれらの合金粉末は，これらの塩類の水溶液を電解する方法で作ることができる．電解析出した金属を機械的に粉砕するか，直接粉末状の析出物として作る．この場合，不溶性電極を使用し，陰極を回転または振動させ析出してくる結晶をかき落とす．粒子は樹枝状または粒状となる．

● **磁石の製造** ●

　磁石の製造は粉末成形で行われる．磁場中で粉末成形を行うことにより磁性粉の結晶方向を揃えることが可能になる．粉末材料の一粒一粒は成形機の磁場と同じ方向に，それぞれの磁化方向を揃えるように動き，整列し，圧縮されて固定される．そのため磁石の磁気異方性が高まり，磁力の強い磁石を製造できることになる．

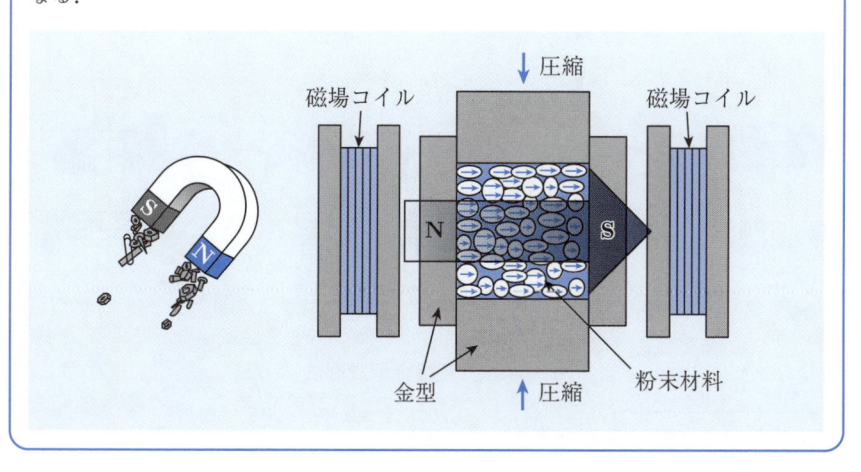

4.3 粉末の成形方法

粉末の成形方法には，金型成形法，鋳込成形法，押出し法，遠心力法，連続成形法，静水圧成形法，粉末鍛造法，高エネルギー速度成形法，射出成形法，溶射成形法がある．

<u>金型成形法</u>（metallic molding） 粉末を金型に充填し，圧縮成形する方法である．まず粉末を給粉シュートで金型内に流し込み，ダイス上面をます切りすることにより粉末を充填する．次に上下のポンチで加圧する．この成形したものを取り出す．粒子間および粒子と金属壁との間には摩擦が働き，加圧面から遠ざかるにしたがい力は小さくなり，締まりは悪くなる．そのため，一般にステアリン酸亜鉛などの潤滑剤を 0.5～1% 添加する．

金型成形法には図4.3に示されるように，片押し法（single-action pressing），両押し法（double-action pressing），フローティング法（floating die pressing），ウィズドロアル法（withdrawal method）などがある．同図 (a) の片押し法では，まずダイス（金型）に粉体を注入し，下パンチ固定のままで上パンチが下りる（油圧あるいは機械プレス）と，加圧により粉末の体積は収縮し，粉末間の絡合いや接着が起こって硬くなる．成形後，下パンチを押し上げて圧粉体を抜き出して取り出すという工程で行われる．

欠点は，圧縮過程で粒子どうしのブリッジング†（bridging），粉末と金型壁との摩擦により，圧粉体に密度の不均一が生じることである．それにより焼結成

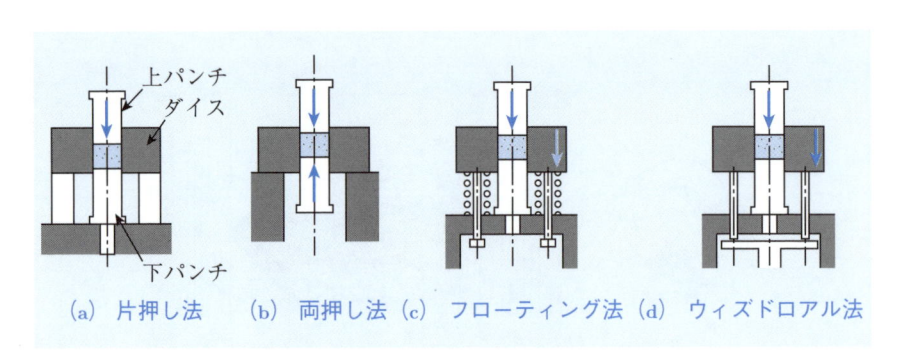

(a) 片押し法　(b) 両押し法　(c) フローティング法　(d) ウィズドロアル法

図4.3　各種金型成形法

---

† 粉体がアーチ状の空洞を形成して流れなくなる現象．

形で寸法変化の不均一が生ずる．そのため加圧方向の高さの低いものに適用される．

同図 **(b)** の両押し法では，両方から加圧が行われる．必ずしも同時に動作しなくてよい．この方法では上下の密度差が小さくなり，ニュートラルゾーン（密度の一番低いところ）の位置調整ができる．片押し法同様，下パンチの移動により圧粉体を押し出す．

鋳込成形法（いこみせいけいほう）　図4.4のように粉末と液体の混合物（スリップ）を石膏型に流し込んで乾燥固化させ成形する方法である．スリップキャスティング（slip casting）ともいう．無加圧のため密度が低いので成形体の強度を補うため添加物を加えることが多い．金属粉末とサーメット粉末の混合物の成形に利用されている．

鋳込成形法の問題点は，液体分の除去と成形時間が長いことである．液体分の除去が十分でないと，焼結時に大きな収縮が生じ，ボイド（空孔，void），ラミネーション（層割れ，lamination）等の問題につながる．

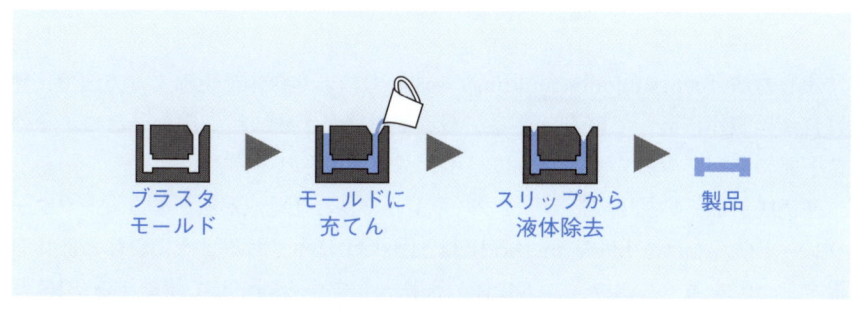

図4.4　鋳込み成形法

押出し法（extrusion molding）　常温で行う冷間押出しと高温で行う熱間押出しがある．

冷間押出しはガラス，蜂の巣状の自動車排ガス浄化用触媒担体，熱電対の保護管，有機バインダを加えた超硬合金の成形に用いられる．

熱間押出しは熱間圧縮と熱間加工の組合せで，ダイスを通して一方向に流れを生じさせ，真密度の棒状，管状製品の製造に用いられる．熱間押出しには図4.5に示される3種類の方法が存在する．このうち缶詰押出し法では粉末の微細組織を保持することができる．

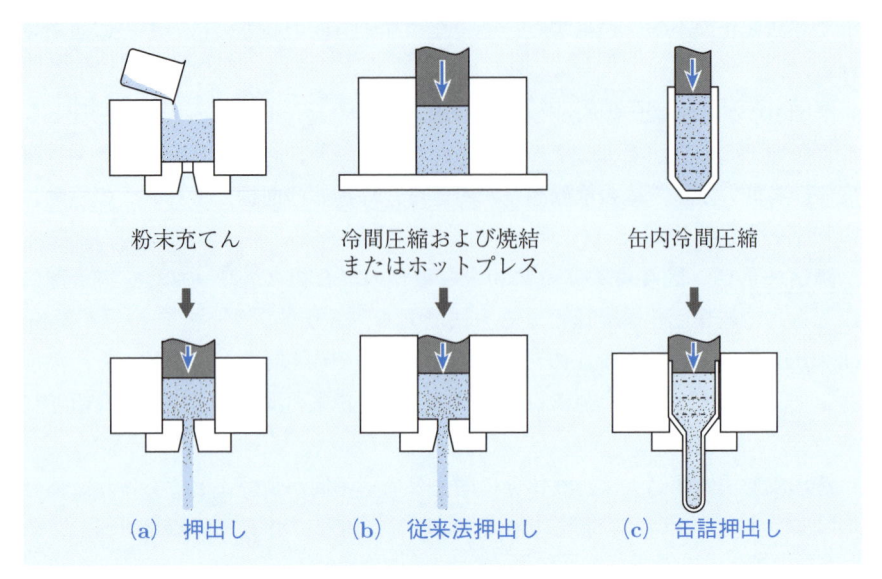

(a) 押出し　　(b) 従来法押出し　　(c) 缶詰押出し

図4.5　熱間押出し法

遠心力法（centrifugally molding）　遠心力により粉体を圧縮する方法で，硬質合金の製作に適している．摩擦があると圧縮が十分に起こらないため，その粒子間の摩擦を少なくするためにバインダが使用される．

連続成形法　無加圧成形のドクターブレード法と圧延成形法がある．**ドクターブレード法**（doctor blade method）は，図4.6 に示されるように粉体と液体を混合した泥をキャリアフィルムに流し，乾燥してから剥がして焼結する．IC基板，金属複合材，自動車エンジン用の軸受材などの成形に使用されている．この方法はフィルム状の成形体の連続製造には有効な方法であるが，無加圧であるため，緻密な成形体ができない．そのため機械的強度のない焼結体となる．また泥漿を用いるため，鋳込成形同様液体分除去に時間を要する．一方，**圧延成形法**（roll forming）は図4.7 に示されるように粉末を圧延ロール間に供給して，圧縮成形して板状の薄板を作り，引き続いて焼結，冷間圧延，焼きなまし，冷間圧延を繰り返して強靭な真密度のストリップを得る方法である．多層板の成形も可能である．製造設備が安く材料歩留りが高いが，ロール径寸法により作られる板の厚みに制限があり，厚物には適さない．

4.3 粉末の成形方法

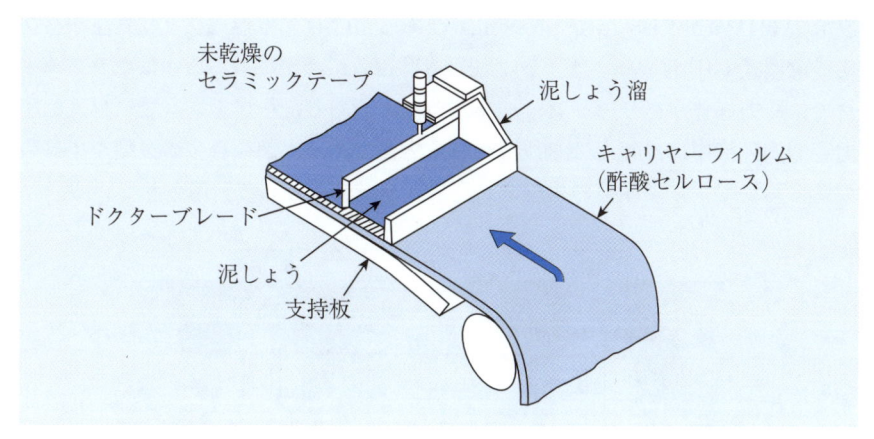

図4.6 ドクターブレード法

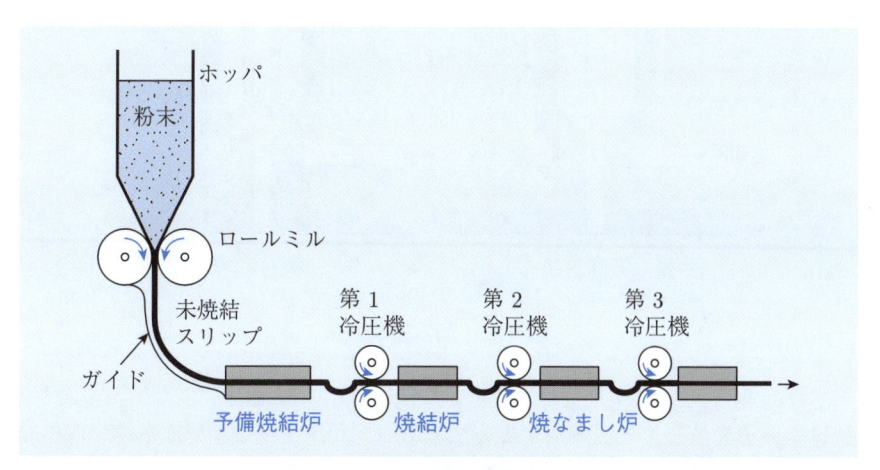

図4.7 圧延成形法

静水圧成形法（isostatic molding）　図4.8 に示されるように弾性体の袋の中に粉末を入れ，これを高圧液体中に入れて，静水圧を加えて成形する方法である．三軸方向から加圧されるので，金型成形のような壁面の摩擦がなく効率良く加圧が行える．圧力分布が均一で，成形品の各部の締まり状態も比較的均一となる．直径に比較して長さの長い円筒形状のものの成形に適する．タングステン合金，モリブデン合金，超硬合金の製造に用いられる．静水圧成形法には常温で行う冷間等方圧成形法 **CIP**（cold isostatic pressing）と高温で行う熱間等方圧

成形法 **HIP**(hot isostatic pressing)がある．CIP には湿式法と乾式法が存在する．湿式 CIP はウェットバッグ法とも呼ばれ，型がゴムあるいはプラスチックで，圧力媒体がグリセリン，油などの液体である．粉体をゴム袋に封入し圧力容器内の液中に浸漬して加圧成形する方法である．超硬合金の金型や工具の製造において少量多品種の生産や大型製品の成形法として利用されている．

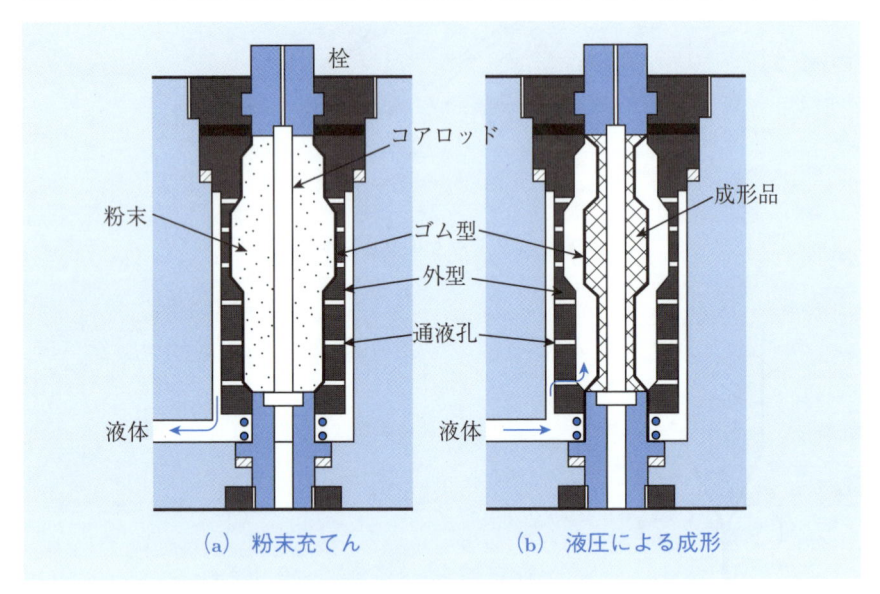

図4.8 静水圧成形法

(a) 粉末充てん　(b) 液圧による成形

ラベル：栓，コアロッド，粉末，ゴム型，外型，通液孔，液体，成形品

一方，乾式 CIP はドライバッグ法とも呼ばれ，圧力容器にセットされたゴム型に粉体を充填して加圧成形する方法である．粉末充填と加圧成形体の取出しの自動化で大量生産に適している．着火プラグの製造に使用されている．

CIP の長所としては高い成形体密度や均質な成形体が得られること，成形助剤が少なくてよいこと，成形体の大きさ，寸法比に制約がないこと，型費用が安価であること，複雑形状のものも成形できること，複合製品の成形が可能であることなどである．逆に短所は設備に高いコストがかかり，寸法精度・形状精度が悪く，段取りに時間がかかり生産性が低いことである．

HIP は粉末を脱ガス処理後真空缶詰にし，圧力容器中でアルゴンや窒素ガスを圧力媒体として，高温高圧で成形と焼結を同時に行い真密度に固化する方法

である．信頼性が要求されるものの成形に適しており，微細な組織，欠陥が少ない．HIP の長所は粉末成形品を HIP 処理することにより，組織が緻密化され，理論密度近くにまで緻密になることで，これにより機械的性質（曲げ強度など）が大幅に改善され，表面硬度が増す．また焼結品の中に残留した気孔が排除されるため，表面の面粗度が大幅に改善される．超硬材種などでは，微細な気孔が品質上問題となるが HIP 処理を施せば，気孔が排除され機械的性質が改善され，信頼性が高まる．さらに粉体を基材へ加圧焼結することができる等である．逆に欠点はサイクルタイムが長いこと，寸法・形状精度の管理が困難であること，一品生産であるために生産性が低いこと，装置が高価であることなどである．HIP は，粉末の高密度焼結，焼結体の高密度化，鋳造品の内部欠陥除去，疲労部品の再生，拡散接合に使用されている．

粉末鍛造法（powder forging）　粉末加工と塑性加工を組み合わせた技術である．図4.9 に示されるように圧縮成形した圧粉体プリフォームを加熱（焼結）した後，成形プレスの金型に入れて，熱間で加圧成形することにより真密度に緻密化する方法である．空隙の減少により溶製材[†]並の特性が得られる．粉末鍛

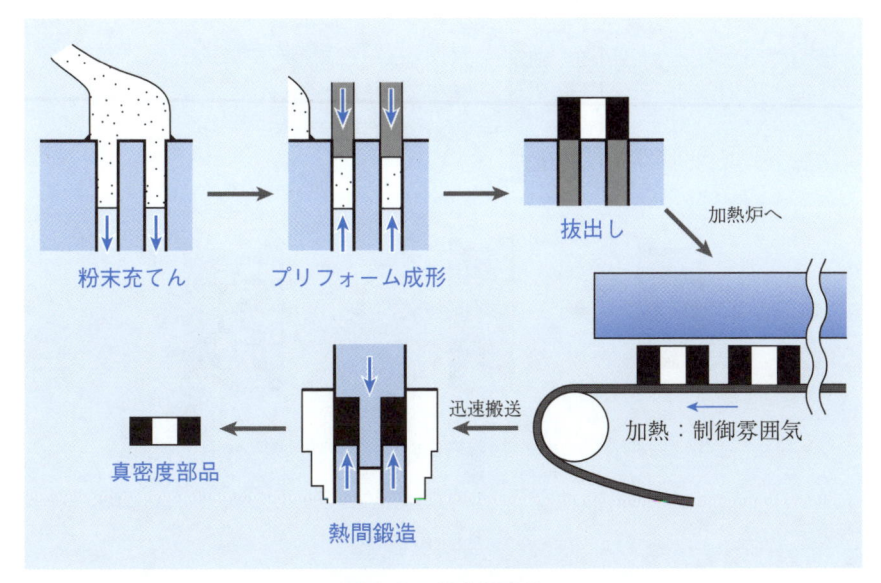

図4.9　粉末鍛造法

[†] 鋳造物あるいは溶融後固化した材料を目的の形状にプレス加工または押出し加工したもの．

造の欠点は工程数が多く，生産性が悪い．そのため，製品はコストアップとなることである．

<u>その他の成形法</u>　金型と粉末プリフォームを同じ温度に加熱して，ゆっくりしたひずみ速度で微細組織の超塑性を利用して成形する超塑性鍛造法（superplastic forging），高圧ガス，高電圧放電，衝撃電磁力，爆薬の爆発などで瞬時に成形を行う高エネルギー速度成形法（high-energy-rate forming），加熱溶融させた材料を金型内に射出注入し，冷却・固化させることにより，成形品を得る射出成形法（injection molding），金属溶湯を不活性ガスで噴霧する溶射成形法（spray forming）などがある．図4.10 に示される射出成形法は複雑な形状の製品を大量に生産するのに適し，プラスチック成形など成形加工の一大分野をなしている．射出成形では流動性がキーポイントとなる．そのため潤滑性を付与するバインダが重要で，流れを阻害するような形状の成形はできない．最近はこの応用として金属粉とバインダを金型内に射出する MIM（metal injection molding）も行われている．

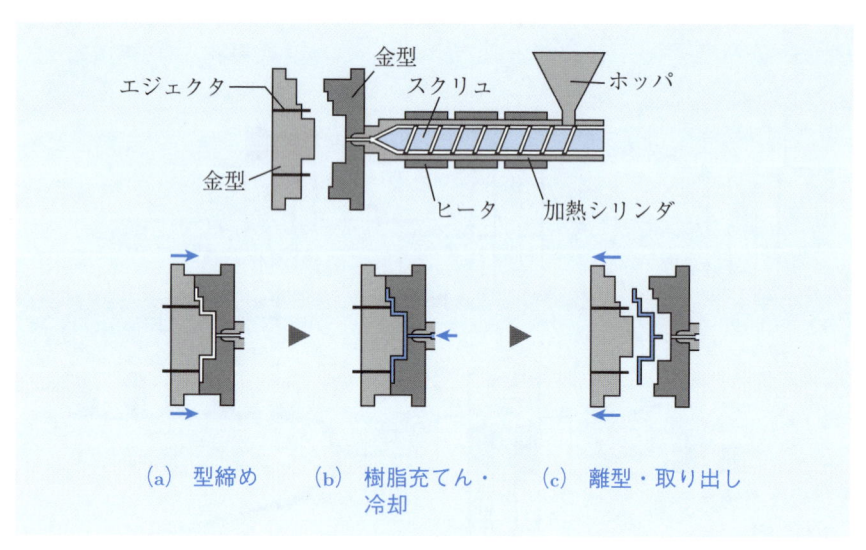

図4.10　射出成形

4.4 焼 結

　成形した素材は，そのままでは密度も強度も不十分であるため，加熱して粉末を結合させる．この操作を**焼結**（sintering）と呼ぶ．加熱温度は粉末の表面のみを溶融させて結合させるため粉末の融点以下とする．完全に溶融させるにはより大きなエネルギーが必要となり，生産性が低下しコストアップとなる．また完全に溶融させると粉末の持っていた物理的・化学的特性が失われるためである．2種類以上の混合粉末の場合は，その両方の融点の中間温度を選ぶ．焼結は酸化を防ぐため，還元性または非酸化性雰囲気で行う．焼結では図4.11に示されるように接触点から結合が始まり，結合部は次第に肥大し，連続していた空隙は収縮し，ついに個々の独立した空孔になり，小さい空孔は消滅する．焼結中に一部液相が生じる場合は，液相が表面張力で粒子すきまに浸み込み，粒子を包んで粒子相互を引き付ける．

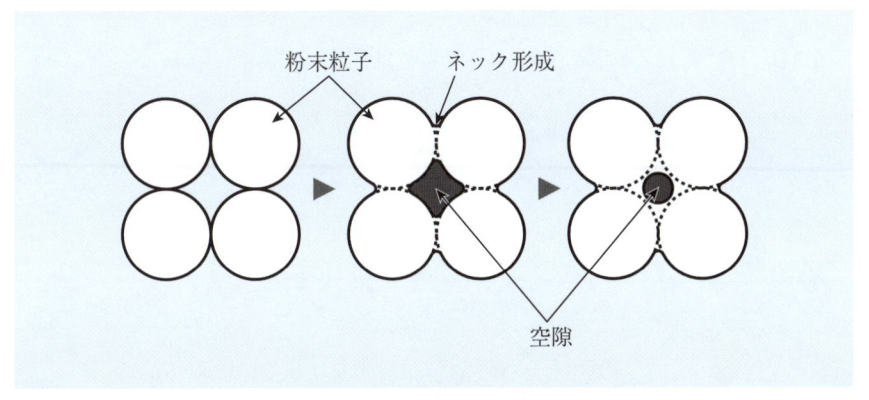

図4.11　焼結のメカニズム

4章の問題

- **4.1** 粉末冶金の問題点を説明せよ．
- **4.2** 0.1 mm 以下の微粉が作りにくい理由を説明せよ．
- **4.3** 片押し法で高さのある圧粉体を成形した場合の圧縮状態を説明せよ．
- **4.4** 鋳込成形の問題点を説明せよ．
- **4.5** ドクターブレード法の問題点を説明せよ．
- **4.6** HIP の問題点を説明せよ．
- **4.7** 粉末鍛造の問題点を説明せよ．
- **4.8** 射出成形のキーポイントを説明せよ．
- **4.9** 溶射成形法の問題点を説明せよ．
- **4.10** 焼結において加熱温度を粉末の融点以下とする理由を説明せよ．

第5章

機械加工

　前章までは，鋳造，塑性加工，粉末成形など型を使用して所望の製品を得る成形加法について述べてきた．本章では，工作機械と切削工具や研削砥石を用いて工作物の不必要な部分を切り屑として除去し所望の形状や寸法に精度良く加工する機械的エネルギーを用いる除去加工について概説する．

5.1 機械加工の特徴

機械加工 (mechanical machining) は機械的エネルギーを用いて行う除去加工のことをいう．機械加工には切削加工，研削加工，研磨加工と3種類の加工方法が存在する．これらの加工法は表5.1に示されるように形状創成方法，切れ刃と工具の関係および同時作用切れ刃数により分類される．形状創成方法は，製品に求められる形状を作り上げる方法で，図5.1に示されるように運動転写と圧力転写の二つの方式が存在する．

表5.1　機械加工の定義

	切削加工	研削加工	研磨加工
形状創成方法	運動転写	運動転写	圧力転写
切れ刃／工具	固定	固定	遊離
同時作用切れ刃数	少刃	多刃	多刃

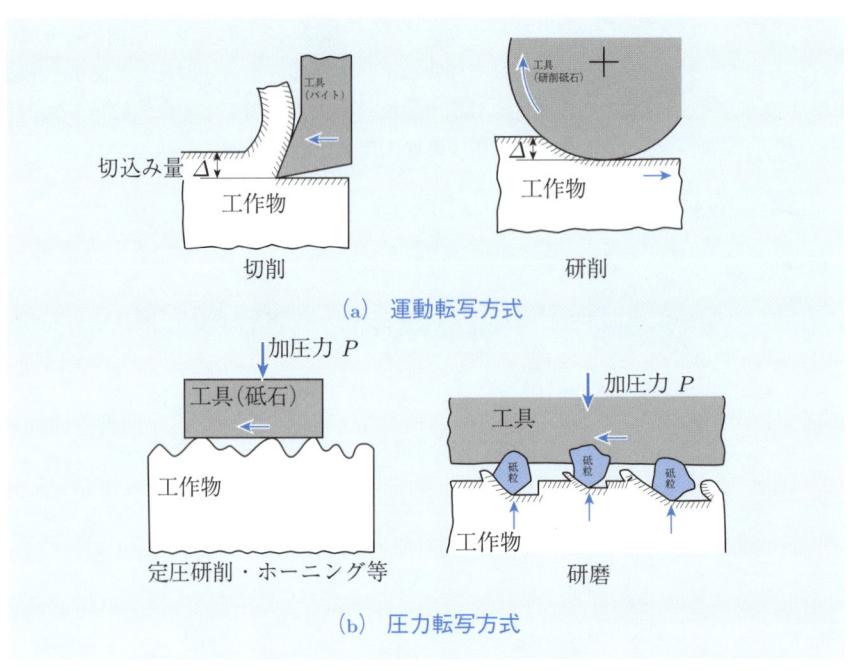

図5.1　運動転写と圧力転写

運動転写(motion copying) 工具にある運動軌跡を与え,この運動軌跡により形状を創成するものである.基本的には一定寸法の切込みを与えて加工を行うことから定寸切込み方式(constant depth-of-cut method)とも呼ばれる.

圧力転写(pressure copying) 工具に高い圧力を与えた部分は切込みが大きくなるという原理を用いた形状創成方法で,基本的には一定の圧力を与えて加工を行うことから定圧切込み方式(constant pressure method)とも呼ばれる.

切削と研削は運動転写方式であるため前加工面の形状修正能力が高いが,研磨は圧力転写方式なので,形状修正が困難である.同時作用切れ刃数は同時に加工に関与している切れ刃の数で,切削は数えられるほどの少刃で,研削や研磨は数えきれないほど多い切れ刃数(多刃)である.

表5.1に示される定義により三つの機械加工の特徴は,図5.2のようになる.切削加工が最も制御性が高く,研削加工,研磨加工と制御性が悪くなる.また仕上げ面粗さや加工品質は研磨加工が最も優れ,切削加工が最も劣る.これらは切削加工よりは研削加工の方が同時作用切れ刃数が多く,研磨加工は圧力転写方式であることによる.機械加工の分野では**加工単位**(machining unit)という言葉が使用される.これは切れ刃当たりの平均切込み深さを指す言葉で,同

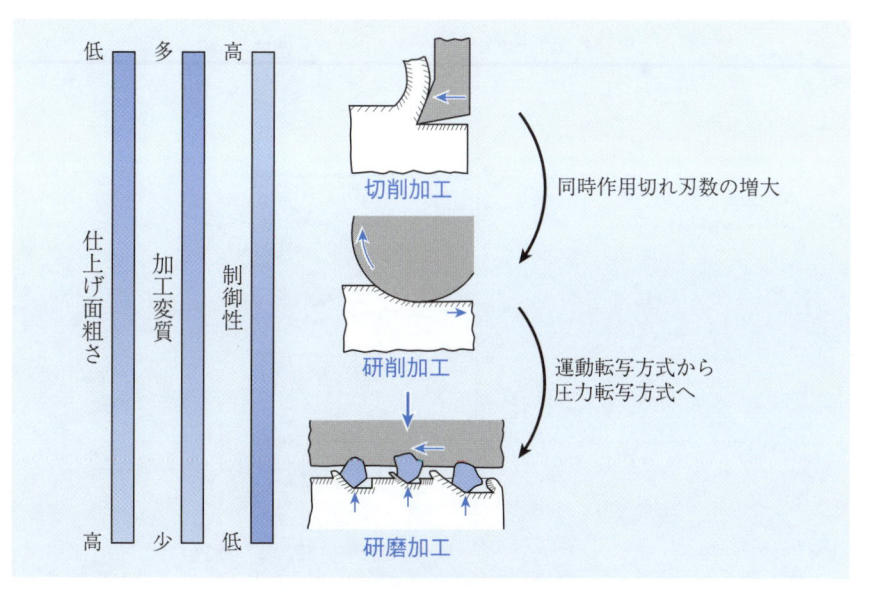

図5.2 機械加工法の特徴比較

時作用切れ刃数が増加することで加工単位は小さくなる．また，運動転写方式から圧力転写方式に変更されることで，より小さな切込み量が設定できるようになり加工単位が小さくなる．加工単位が小さくなることで，仕上げ面粗さや加工品質が向上する．また運動転写方式では振動や熱変位などの外乱の影響を直接受けるが，圧力転写方式では外乱の影響を受けにくくなり，このことが仕上げ面粗さの向上する一要因となる．

仕上げ面は切れ刃切削距離の影響も受ける．切れ刃切削距離 (cutting distance per cutting edge) は切れ刃が工具上のある位置で連続して切削を行う距離のことで，フライス加工（5.2節参照）のような断続切削の場合にも，切れ刃が工具上の位置を変えない限り積算して計算する．図5.3のように切れ刃切削距離は切削加工の場合は km オーダ，研削加工の場合は m オーダ，研磨加工の場合は mm オーダとなる．このため切削加工では加工マークと呼ばれる切れ刃が通った条痕がある方向に揃って長く続く仕上げ面となり，機械的強度等の物理的特性の異方性が強い面となる．一方，研磨加工の一形態の湿式ラッピングでは梨地面となり，どの方向にも物理的特性がほぼ同一となる等方的な面となる．

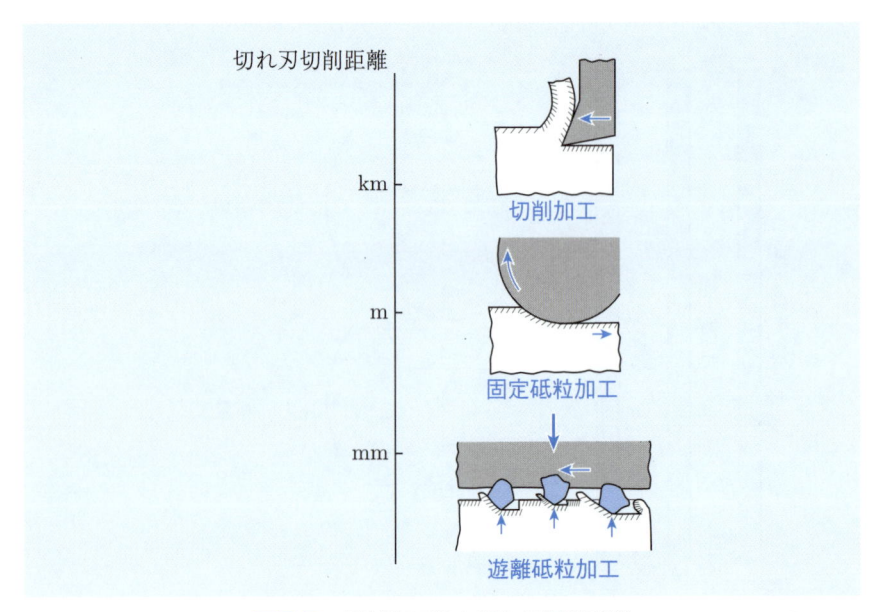

図5.3　機械加工法と切れ刃切削距離

5.2 切削加工

5.2.1 切削加工の種類

切削加工（cutting）は，切削工具（cutting tool）と工作物（workpiece）との間に相対運動を与えることにより，工作物の不要な部分を切り屑（chip, swarf）として削り取り，工作物を所定の形状寸法に仕上げる加工法である．切削加工には旋削，フライス削り，穴あけ，ブローチ削り，ねじ切り，歯切りなどの加工方法がある．

旋削加工 工作物を丸く削る工具には，外径用のバイトホルダーと，内径用のボーリングバーがあり，バイトホルダーやボーリングバーを使用した切削加工を旋削加工（turning）と呼ぶ．この加工法では図5.4のように工具は固定した状態で工作物が回転するのが特徴である．主に工作物を回転させ，丸状に加工する機械を旋盤（lathe）と呼ぶ．旋盤で可能な加工には，円筒状工作物の端面を加工する端面加工，円筒面を加工する外径（外面）加工，面取り加工，センタ穴を加工するセンタドリル加工，端面に穴あけを行うドリル加工，端面にねじ穴を加工するタップ加工，端面にドリル加工であけられた穴の径を広げる中ぐり加工がある．

フライス加工 フライス（milling cutter）とは工作物の表面や溝を削る工具で，図5.5に示されるように表面を加工する平フライス，正面フライスと溝などを加工するエンドミル（endmill）に大別される．これらの工具を使用した加工を転削加工あるいはフライス加工（milling）と呼び，工具が回転するのが特徴である．転削加工に使用される機械をフライス盤（milling machine）と呼ぶ．

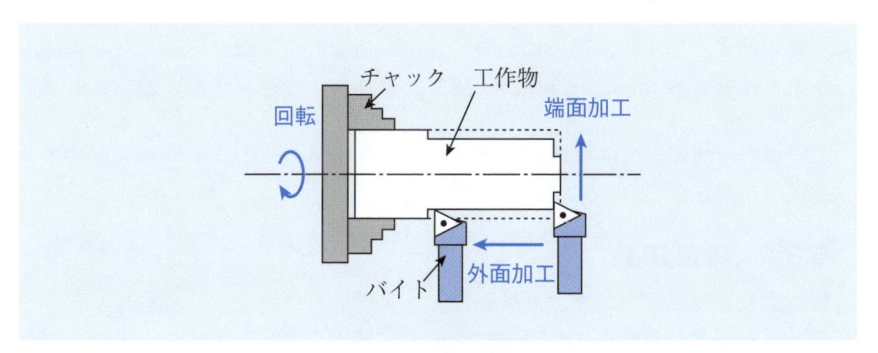

図5.4 旋削加工

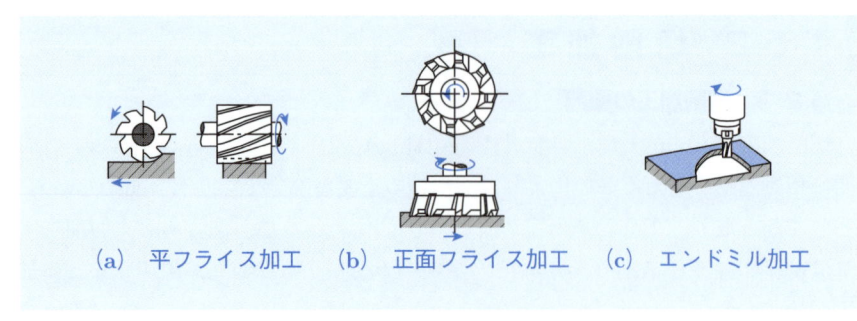

(a) 平フライス加工　(b) 正面フライス加工　(c) エンドミル加工

図5.5　フライス加工

エンドミルとは，切削加工に用いる工具であるフライスの一種で，ドリルに類似した外観を持つが，ドリルは軸方向に推進し，円形の穴を空ける用途であるのに対して，エンドミルは側面の刃で切削し軸に直交する方向に穴を削り広げる用途に用いられる．ドリルのような穴あけ加工には本来適さないが，軸方向へ推進して削り込むことも可能である．刃数はドリルと異なり，2枚・3枚・4枚，さらに外周に多数の刃を持つものなど多種である．エンドミルは金型の製作時などに多用されている．エンドミルによる加工には，直方体形状の工作物の肩部を加工する肩加工，溝を作成する溝加工，傾斜溝を加工する傾斜加工，幅の広い穴を加工するポケット加工，穴あけ加工，直径の大きな穴を加工するヘリカル加工などがある．

　ドリル加工　穴をあける工具を**ドリル**（drill）と呼ぶ．ドリルには，比較的大きな穴をあけるドリルと中径から小径の穴をあけるろう付ドリルとソリッドドリルがある．穴あけ加工は，工作物が回転して切削する加工と，ドリルが回転して切削する加工の，両方において使用できるのが特徴である．ドリル加工は，**ボール盤**（drilling machine），旋盤，フライス盤などで行える．

　その他の切削加工にはブローチ加工（broaching），鋸盤加工（sawing），タップ加工（tapping）がある．

5.2.2　切削工具

　切削工具にはバイトやガンドリルのような切れ刃が一つの単刃工具とフライスやドリルなどの複数の切れ刃を持つ多刃工具がある．単刃工具の場合，切れ

刃への負荷が大きくなり，工具摩耗が進展し易い．一方，多刃工具の場合，切れ刃の高さ合わせが困難で，高さが合っていないと振動が生じ易くなり，仕上げ面粗さが悪化する．また前項のように回転して用いる回転工具と回転しない非回転工具が存在する．非回転工具は振動が少なく仕上げ面粗さが良好であり，一方回転工具の場合工具速度の高速化が可能で高能率加工が行える．

切削工具先端は高温高圧にさらされるため，図5.6に示されるように切削工具には被削材硬度の3倍以上の硬さ，2万気圧の応力に耐えられる強靱さ，700〜1100°Cで被削材と反応しない高温での化学的安定性等が必要となる．切削工具の材種としては図5.7に示されるように高速度工具鋼（ハイス鋼），超硬合金，サーメット，セラミックス，cBN（立方晶窒化ホウ素，cubic boron nitride），ダイヤモンドなどが使用されている．

ダイヤモンド 最も硬い材料であるダイヤモンドの単結晶を成形した工具である．耐熱・耐摩耗性に優れ，構成刃先を生じにくく，鋭利な刃先の成形が可能で鏡面切削に向くが，靱性に乏しくて欠け易く，鉄系材料では拡散反応が生じ摩耗が大きいという欠点を持つ．

ダイヤモンド焼結体 ダイヤモンド微粉にコバルトなどを添加して焼結した多結晶焼結体で，その基本的な特徴は単結晶ダイヤモンド工具と同様である．焼結体にすることにより単結晶ダイヤモンド工具の欠点である靱性が向上するが，鋭利な刃先は作りにくく切れ味が若干劣る．

cBN焼結体 ダイヤモンドに次ぐ硬さを持つcBNにコバルトや炭化チタンなどを添加して焼結した多結晶焼結体である．ダイヤモンド工具が苦手とする鉄系を含む高硬度材料の切削が可能であるが，軟質材料の加工では摩耗が大きくなる．

セラミックス 酸化アルミニウム，炭化チタン，窒化ケイ素などの硬質材料を焼結した材料である．結合添加剤を含まないため，高温硬度，耐摩耗性に優れるが，靱性に乏しく欠け易い．

サーメット 炭化チタン，窒化チタンにニッケル等を添加して焼結した材料である．セラミックスと超硬合金の中間の性質を持つ．

超硬合金 炭化タングステン粉末に炭化チタン・炭化タンタルなどを添加して，コバルトで焼結した材料である．硬さ，耐摩耗性，靱性をバランス良く備え，切刃の信頼性が高く，最もよく使用されている工具材種である．

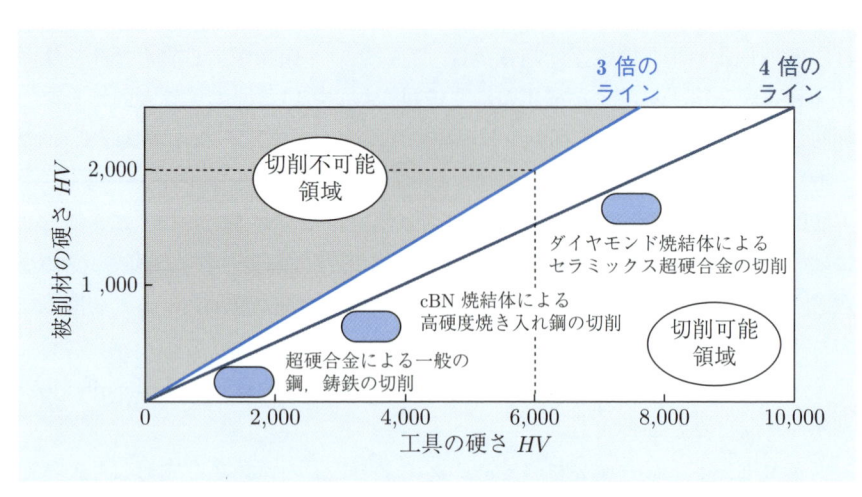

図5.6　工具の硬さと切削可能領域

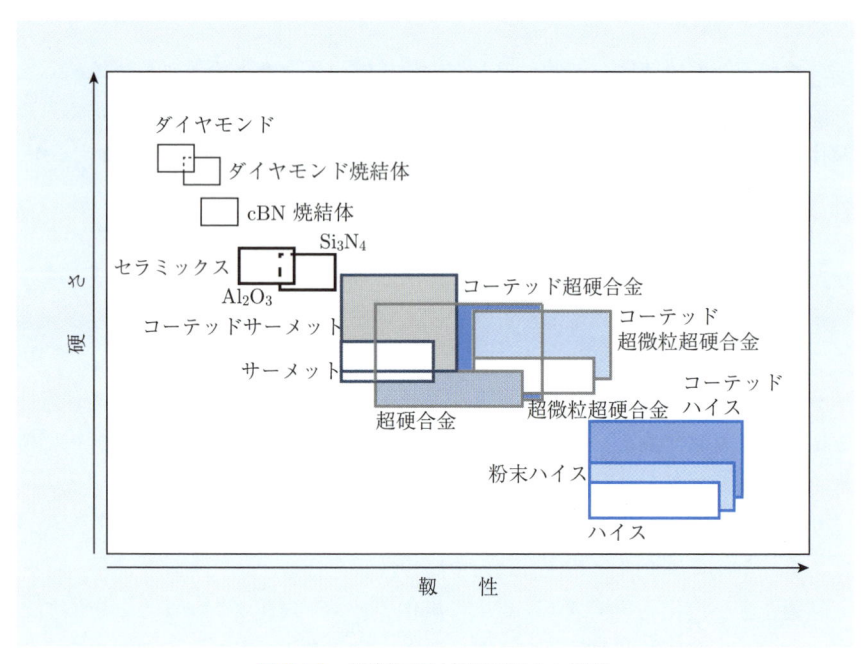

図5.7　切削工具材種の硬さと靭性

高速度工具鋼（ハイス鋼）　鉄をベースとし，タングステン・クロム・バナジウム・モリブデンなどを加えた合金工具鋼である．靱性に優れ，良好な成形性を持つが，耐熱性・耐摩耗性に劣る．超硬合金が現れる前には最もよく使用された工具材種で，現在も超硬合金では靱性が不足する材料の加工に適用されている．

この他，超硬合金やハイス鋼にPVD（物理蒸着，physical vapor deposition）やCVD（化学蒸着，chemical vapor deposition）によってチッ化チタンや酸化アルミニウムなどを被覆したコーテッド工具がある．コーティングにより耐摩耗性・摩擦特性が改善されるが，衝撃や熱サイクルなどがある場合には母材と被覆材の密着性に問題が生じ効果が発揮できない．酸化アルミニウムのコーティングは高温高圧下において安定で，耐すくい面摩耗性・耐酸化性に優れる．チッ化チタンのコーティングは高硬度かつ化学的に安定で色調が金色であるため広く用いられている．炭化チタンのコーティングは高硬度，耐逃げ面摩耗性に優れる．Ti(C, N)のコーティングはTiNとTiCの中間の性質を持ち，N，C量で細かく材質制御が可能である．(Ti, Al)Nのコーティングは耐熱衝撃性や耐酸化性が優れる．最近潤滑性に主眼を置いたDLC（diamond-like carbon）膜のコーティングも行われている．

5.2.3　加工メカニズム

切削加工は図5.8に示されるようにくさび作用により加工が行われる．くさび作用により変形を切り屑に集中させるため，工作物への機械的ダメージが少ない，加工力が小さくて済む，加工熱が切り屑に集中し，工作物への熱的ダメージが少ないなどの特徴が表れる．切り屑の形態には図5.9に示されるように流れ形切り屑，鋸歯状切り屑，せん断形切り屑，むしれ形切り屑，亀裂形切り屑がある．最も切れ味が優れる場合は流れ形切り屑となり，切れ味が悪化すると，鋸刃状切り屑，せん断形切り屑，むしれ形切り屑，亀裂形切り屑に変化する．むしれ形切り屑，亀裂形切り屑が発生する場合には仕上げ面が悪化する．アルミニウムのようなねばい材料を加工した際に，工具先端に被削材が付着して刃先として作用することがある．これを**構成刃先**（built-up edge：BUE）と呼ぶ．構成刃先は工具先端の摩耗抑制に役立つが，仕上げ面は悪化する．

加工のし易さを，工具側からいえば**切れ味**（sharpness）で，被削材側からいえ

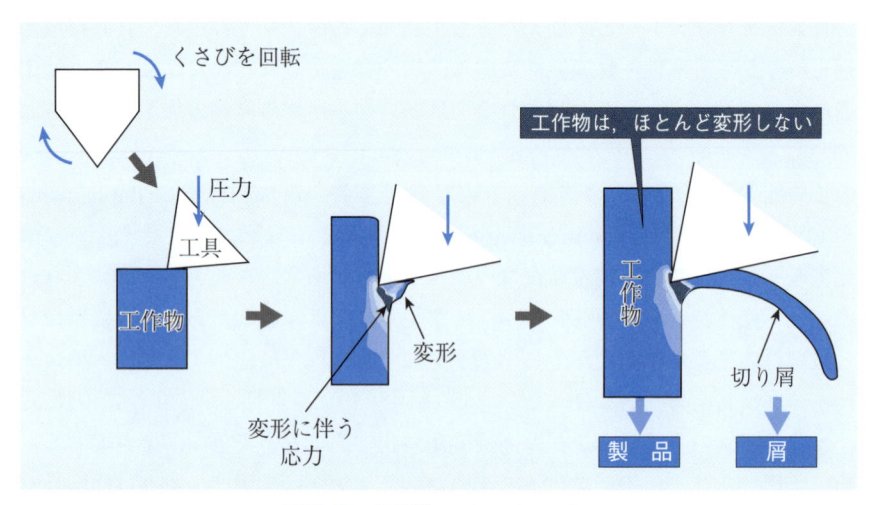

図5.8　切削加工のメカニズム

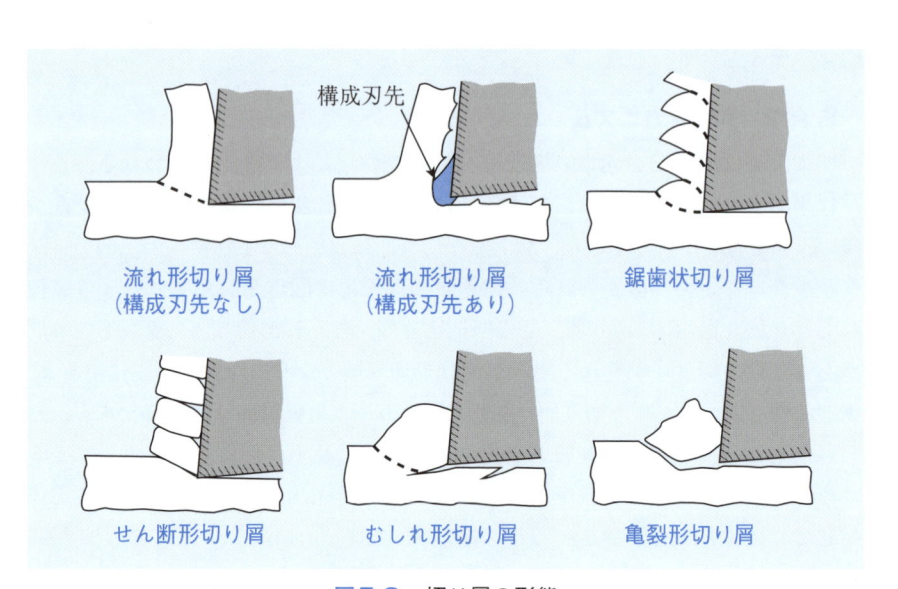

図5.9　切り屑の形態

ば被削性(machinability)になる.加工のし易さは,加工方法でも変わり,旋削や平削りは容易であるが,歯切り,タップ,ブローチ削りなどは加工が難しい.切れ味の評価基準としては,切削抵抗の大小,工具寿命の長短,仕上げ面品位および寸法精度の良し悪し,切り屑処理の難易,切削温度の高低の五つの項目が用いられる.工具寿命から見た被削性を表す指数は**被削性指数**(machinability index)と呼ばれる.アメリカでは工具寿命を一定とした場合の,硫黄快削鋼B1112(SUM21)の切削速度に対する他の材料の切削速度の割合で示す.主分力あるいは接線方向分力を切削断面積で徐した値を**比切削抵抗**(specific cutting force)という.主な材料の比切削抵抗は,鋼:1.7〜10 GPa,鋳鉄:0.7〜3.7 GPa,アルミニウム:0.5〜1.1 GPa である.比切削抵抗の小さい材質は被削性に優れる材料で,易削材(easy-to-cut material)と呼ばれる.

逆に被削性に劣る材料は難削材(difficult-to-cut material)と呼ばれる.切削力は切削断面積に比例するため,切込みに対して比切削抵抗は通常一定の値を示すが,切込みが小さくなると,比切削抵抗が増加する.これが**寸法効果**(size effect)と呼ばれる現象である.切れ刃の先端丸みの影響と被削材の欠陥が少なくなる影響といわれている.

被削性を向上するために切削油剤(切削液)(cutting fluid)が使用される.切削油剤に求められる特性は,切削工具と工作物および切り屑間の潤滑性が良いこと(潤滑(減摩)作用),冷却作用があること,浸透作用および洗浄作用の優れたもので流動性の良いことなどである.この潤滑作用,冷却作用,洗浄作用は切削油剤の3大特性と呼ばれている.

● おばあちゃんの知恵 ●

刃こぼれして切れなくなったはさみでアルミホイルを切ると切れ味が復活するというおばあちゃんの知恵がある.これは刃こぼれした部分に軟らかいアルミニウムが詰まって硬くなり,構成刃先として働くようになるためである.

5.3 研削加工

5.3.1 研削加工の種類

研削加工（grinding）と研磨加工はともに砥粒（とりゅう）を使用する加工であるため，あわせて**砥粒加工**（abrasive processing）と呼ばれている．しかし，**表5.1**に示されるように形状創成方法および切れ刃と工具の関係が異なるため，その加工メカニズムは大きく異なっている．砥粒加工法は**表5.2**のように工具の有無と工具と砥粒の関係により，**固定砥粒加工法**（fixed abrasive processing），**遊離砥粒加工法**（loose abrasive processing），**自由砥粒加工法**（free abrasive processing）の三つに分類される．固定砥粒加工法と遊離砥粒加工法は工具を使用するが，自由砥粒加工法は工具を使用しない．そのため形状精度を重視した加工には適用されない．研削は固定砥粒加工法の一つであるが，研削のみが運動転写という形状創成方式を採用している．固定砥粒加工法は遊離砥粒加工法や自由砥粒加工法に比較して制御性や作業環境に優れるが，目づまり（砥粒間に切り屑がつまること）現象が生じて，加工特性が悪化するという問題点がある．ひどい場合は振動が生じて仕上げ面粗さが悪化したり，工作物に焼けや割れが起きる．この現象は結合度（砥粒の接着強度）が高いほど，砥粒が微細なほど起こり易い．

研削加工は，**図5.10**に示すように高速で回転している**研削砥石**（けんさく）（grinding wheel）を用いて，その砥石を構成する極めて硬く微細な砥粒によって工作物を削り取ってゆく加工法である．研削砥石とは，解砕型（かいさい）アルミナや黒色炭化ケイ素などの砥粒を，結合剤と調合して高温で焼き固めた研削用工具のことをいう．研削加工を切削加工と比較すると

① 切削工具で削れない硬脆（こうぜい）材料が容易に加工できる

表5.2 砥粒加工法の分類

砥粒加工法の分類	固定砥粒加工法	遊離砥粒加工法	自由砥粒加工法
工具の有無	有		無
工具と砥粒の関係	固 定	遊 離	
砥粒加工法の種類	研削，超仕上げ，ホーニング，ベルト研削等	ラッピング，ポリシング	ブラスト，粘弾性流動研磨，液体ホーニング，バレル研磨等

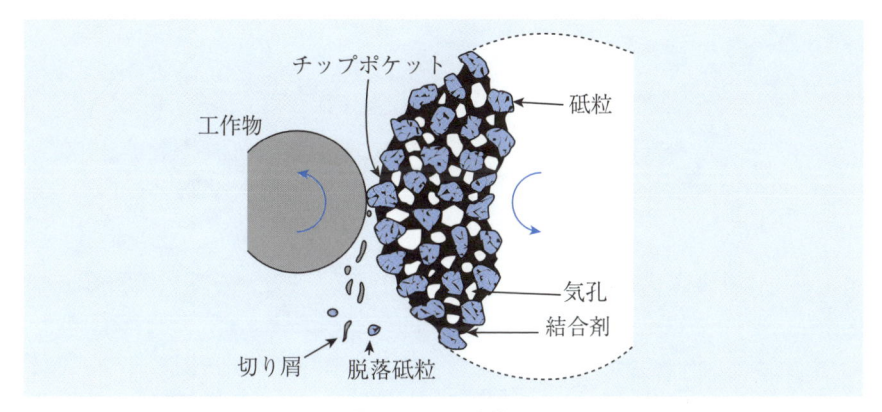

図5.10 研削加工

② 切削では加工が容易な軟質材料の加工が目づまりが生じ易いため不得意
③ 加工単位が小さいため仕上げ面粗さや寸法精度が優れる
④ 切れ刃に自生発刃作用（p.84 参照）がある
⑤ 工具速度が 10 倍以上と高い
⑥ そのため加工点温度が高く，焼け・割れが起きることがある

などの特徴がある．

研削加工には，**図5.11** に示すように平面を加工する平面研削（surface grinding），円筒外面を加工する円筒研削（cylindrical grinding），円筒内面を加工する内面研削（internal grinding），ピンやパイプなど支持が困難な円筒工作物を加工する心無研削（センタレス研削，centerless grinding），自由形状を加工する自由研削（free-hand grinding）などがある．平面研削には主軸が横軸でディスク状砥石を使用する横軸平面研削（通常平面研削といえばこの加工方式を指す）と主軸が立軸でカップ状砥石を使用する立軸平面研削（通常正面研削（face grinding）という）がある．

5.3.2 砥石

砥石は，切れ刃であり除去作用を行う**砥粒**（abrasive grain），切れ刃の支持，固着している**結合剤**（bonding agent），切り屑の逃げや冷却に役立つ**気孔**（砥石の種類によってはない場合もある）（pore）の三つから成り立っており，これを砥石の3要素と呼ぶ．実際はこの他に補強等のためのフィラー（充填材），結

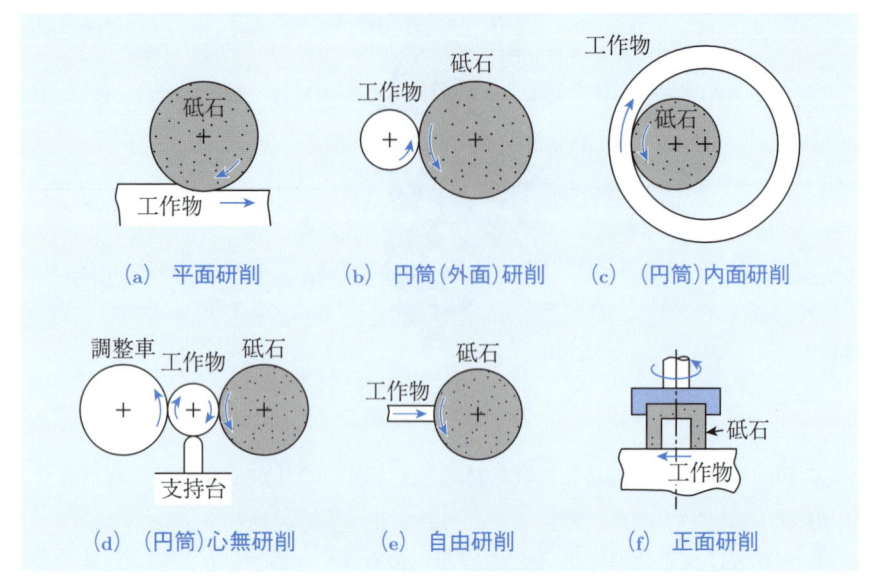

(a) 平面研削　(b) 円筒(外面)研削　(c) (円筒)内面研削
(d) (円筒)心無研削　(e) 自由研削　(f) 正面研削

図5.11　各種研削方法

表5.3　研削砥石の3要素と5因子

3要素	5因子	説明
砥粒	砥粒	砥粒の材質
	粒度	砥粒の大きさ
結合剤	結合度	砥粒を支持する結合橋の強さの程度
	結合剤	砥粒を支持している材料の種類
気孔	組織	砥石の単位体積中に占める砥粒の割合により決まる粗密の程度

合剤の融点を下げる融材等が含まれる．さらにこれらは表5.3に示すように5因子に分類される．砥粒，結合剤，気孔の砥石体積に占める割合をそれぞれ砥粒率，結合剤率，気孔率という．

　研削砥石に使用される砥粒は研削材と呼ばれる．研削材としては，酸化アルミニウム系，炭化ケイ素系，酸化ジルコニウム系，人造ダイヤモンド系，立方晶窒化ホウ素系（cBN系）が使用されている．人造ダイヤモンド系，立方晶窒化ホウ素系の砥粒は耐摩耗性に優れていることから**超砥粒**（superabrasive）と呼

ばれ，それ以外の一般砥粒とは区別されている．超砥粒を用いた砥石は研削ホイールと呼ばれる．酸化アルミニウム系砥粒は引張強度の高い工作物の研削に使用され，一方，炭化ケイ素系砥粒は引張強度の低い工作物の研削に使用される．硬度の低いアルミナが引張強度の高い工作物の研削に使用されるのは，炭化ケイ素の方が硬いがもろいため，高引張強度の工作物に向かないためである．炭化ケイ素よりもさらに硬度の高い炭化ホウ素砥粒が使用されない理由も同じである．

　結合剤には無機質系，有機質系，金属質系の3種類がある．無機質系にはビトリファイド系，シリケート系，オキシクロライド系があり，有機質系にはレジノイド系，ラバー系，ポリビニルアルコール（PVA）系がある．このうちビトリファイド系とレジノイド系が主流となっている．ラバー系は心無研削の調整砥石として使用され，ポリビニルアルコール系は高気孔率の超弾性砥石として仕上げ面粗さの向上を重視した加工に使用されている．金属質系は耐摩耗性が高いため，超砥粒専用の結合剤として用いられている．一般砥粒にメタル系結合剤を用いると，砥粒の摩耗が早く，加工能力のない結合剤が工作物に接触してしまい，焼け等が生じる．

　結合剤が砥粒を保持する強さを**結合度**（グレード，grade）という．結合度は，アルファベット26種類に分けて，その硬軟を表す．Aが最も軟らかく，Zが最も硬い．通常砥石には軟のグレードのHからKあるいは中のグレードのLからOが用いられる．**図5.12**には異なる結合度を持つビトリファイド砥石の砥石表面の状態を示す．結合度Cでは砥粒をつなぐ結合剤のブリッジ（結合橋）があまり観察されないが，結合度Pでは砥粒が結合剤にくるまれ，ブリッジも太いものとなっていることがわかる．このため，結合度Cでは砥粒が脱落し易い．

　砥粒のサイズを表す指標を**粒度**（grain size, grit size）という．粒度はふるいのメッシュで表示され，その数字の小さい方が砥粒のサイズが大きくなる．一般砥粒もダイヤモンド，cBNの超砥粒も同一規格になっている．粒度は仕上げ面粗さに影響し，良好な仕上げ面粗さを得たい場合，粒度は大きな数値とする．砥石（ホイール）の中に占める砥粒の容積割合を，**組織**（structure）という．一定の容積の中に砥粒が占める割合が多ければ，その組織は密であるといい，少なければ粗であるという．密な砥石は硬くもろい材質の加工，精密仕上げに向く．密な砥石の場合，砥石と工作物の接触面積は小さく保つ必要がある．

結合度 C　　　　　　　結合度 J　　　　　　　結合度 P

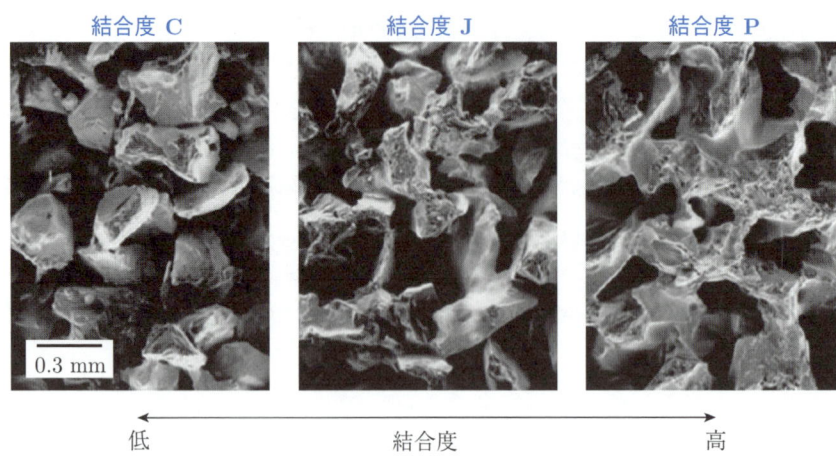

0.3 mm

←　　　　　　　　結合度　　　　　　　　→
低　　　　　　　　　　　　　　　　　　　高

図5.12　ビトリファイド砥石の結合度と砥石表面　[庄司克雄氏提供]

　砥石表面は常に変化する．使用していくうちに形状が崩れ，切れ味が低下する．そこで，ある時間間隔で砥石表面を調整する必要がある．砥石表面の調整作業には，**ツルーイング**（形直し，truing）と**ドレッシング**（目直し，dressing）がある．ツルーイングは砥石研削面の修正，および回転軸に対する振れの修正を行う作業で，ドレッシングは目つぶれ，目づまりを起こした砥粒を除去し，切れ刃を再生する作業である．一般にツルーイングを行った後ドレッシングを行う．砥石表面の異常状態としては，**図5.13**に示されるように砥粒先端が平坦摩耗する**目つぶれ**（glazing），砥粒間に切り屑が堆積する**目づまり**（clogging），砥粒がどんどん破砕脱落する**目こぼれ**（shedding）の三つの状態が存在する．砥石結合度や粒度，切込みなどの加工条件により砥石作用面状態は変化する．砥粒切れ刃は工作物を研削することにより切れ刃が摩滅し切れ味が鈍くなる．その結果，切れ刃に加わる抵抗が増え，砥粒が微細破砕や脱落を起す．砥粒が微細破砕すると，鋭い切れ刃が現れたり，脱落すると隣接した新砥粒が表面に現れ，砥石表面に新たな切れ刃を構成する．このように自然に鋭い切れ刃が発生する現象を**自生発刃作用**（self dressing）という．

　このように研削工具の砥石は自分自身がある程度，摩耗しながら加工を継続する．そこで工作物の除去体積をその除去作用を行う際に生じた砥石の摩耗体積で除した値を**研削比**（grinding ratio）と呼ぶ．研削比が大きい状態は強加工

5.3 研削加工

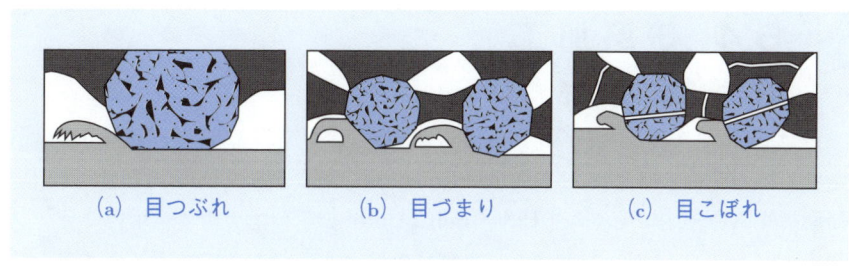

図5.13 砥石表面の異常状態
(a) 目つぶれ　(b) 目づまり　(c) 目こぼれ

状態で「砥石が硬く当たる」，小さい状態を「砥石が軟らかく当たる」という．硬く当たる加工条件は

① 結合度の高い砥石を用いる
② 砥石回転速度を高くする
③ 工作物回転速度やトラバース速度を小さくする
④ 砥石切込み深さを小さくする
⑤ 横送り量を小さくする

などの条件となる．一般砥石と超砥粒ホイール（超砥粒を用いた砥石の場合ホイールと呼ばれる）の適用材種は異なるので比較は難しい．一般砥石の研削比は100以下であるが，超砥粒ホイールの研削比は1000を越えることもある．

● **ナイフとのこぎり** ●

右図のように丸太を切ろうとした場合，ナイフのような連続した切れ刃では食い込むことができず，わずかな傷程度しか付けることができない．

一方，のこぎりのように小さな切れ刃が多数ある場合は，小さな刃の先端への応力集中により切れ刃に高い圧力が作用し食い込むことが可能になる．これが多数の砥粒切れ刃を持つ砥石を使用する研削の原理である．

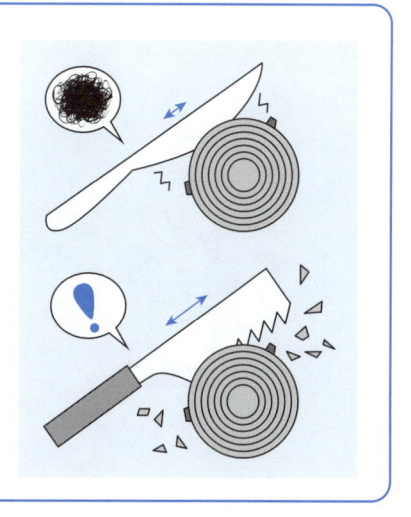

5.4 研磨加工

5.4.1 固定砥粒加工法

表5.2に示されるように圧力転写方式の固定砥粒加工法には，図5.14に示される砥石を用いる**超仕上げ**（superfinishing）あるいは**ホーニング**（honing），研磨ベルトを使用する**ベルト研削**（belt grinding），研磨テープを用いる**テープ研磨**（tape finishing）などがある．超仕上げとホーニングの加工メカニズムは極似しており，超仕上げでは回転する工作物に砥石を押し付け，砥石に揺動と送りを与える．ホーニングの場合は全ての動きを砥石に持たせている．すなわち砥石を工作物に押し当てながら，砥石に回転，揺動，送りを与えている．いずれの場合もクロスハッチの加工面が得られる．両方の加工法とも砥石は工作物に面当たりをさせているため，仕上げ面粗さは向上するが，目づまりが生じ易い状態になっている．そのため砥石としては結合度の低いものが選ばれる．揺動は上記のように仕上げ面粗さを向上させる働きをするとともに，砥石の目こ

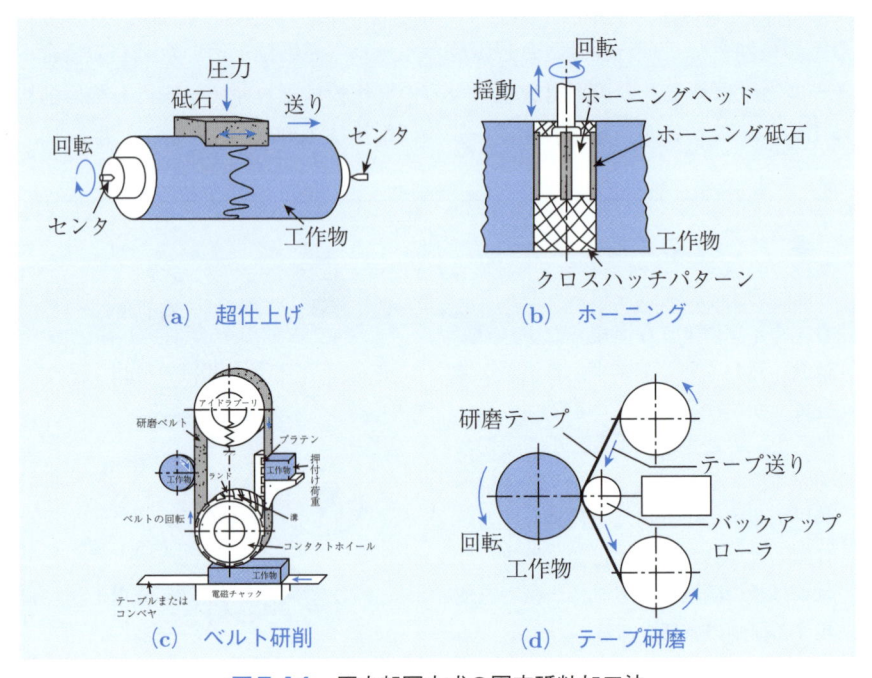

(a) 超仕上げ

(b) ホーニング

(c) ベルト研削

(d) テープ研磨

図5.14 圧力転写方式の固定砥粒加工法

ぼれを推進し，目づまりしにくい状態にしている．ホーニングは図5.14 に示されるような穴の内面仕上げに用いられることが多く，エンジンシリンダの内面加工に適用されている．

ベルト研削はエンドレス状態にした研磨ベルトを回転させ，これに直接工作物を押し当てるか，コンタクトホイールやプラテンをバックアップさせて押し当てることで加工を行う．ベルト研削は研磨ベルトに可撓性があり，砥粒作業面が伸縮するため，比較的目づまりしにくい．しかし，4～5 μm サイズの砥粒を用いた研磨ベルトが限界で，それ以上では目づまり現象が目立つようになる．仕上げ面粗さは砥粒径に依存するため，より小径の砥粒を用いてベルト研削より優れた仕上げ面粗さを得るためにテープ研磨が行われる．テープ研磨の加工形態はベルト研削に似ているが，研磨テープは常に新しいものが供給されるような状態で使用される．このため研磨工具に目づまりが生じても加工面に影響を及ぼすことがない．

5.4.2 遊離砥粒加工法

遊離砥粒加工法には，表5.2 に示されるように粗研磨のラッピング（lapping）と仕上げ研磨のポリシング（polishing）が存在する．一般に研磨というと，この遊離砥粒加工を意味する．図5.15 (a) に示されるようにラッピングは使用される工具が木材よりも硬質で，モース硬度9以上の硬質の 10 μm 前後の大きな砥粒を使用し，主に機械的作用で除去が進行する．一方，同図 (b) のポリシングは使用される工具が木材よりも軟質で，モース硬度7以下の軟質の 1 μm 前後あるいはそれ以下の小さな砥粒を使用し，化学的効果も含まれた除去が行われ

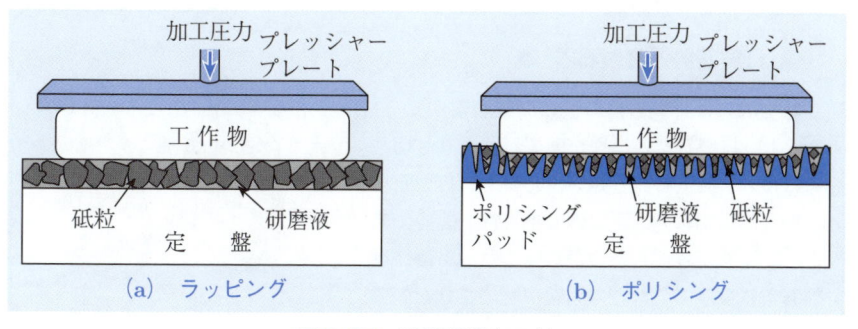

(a) ラッピング　　(b) ポリシング

図5.15　遊離砥粒加工法

る．遊離砥粒加工の特徴は，① 方向性のない加工面（梨地面，鏡面）になる，② 工具のドレス寿命が長い（目づまりが少ない），③ 小径の砥粒が使用でき，達成できる仕上げ面粗さが良い，④ 加工能率はラッピングでは研削の 1/10 以下，ポリシングでは 1/100 程度と低いことである．

5.4.3 自由砥粒加工法

自由砥粒加工法には図 5.16 に示されるサンドブラストなどの**噴射加工**（blasting），**バレル研磨**（barrel finishing），**粘弾性流動研磨**（viscoelastic abrasive flow polishing）などがある．自由砥粒加工法の特徴は，参照となる工具がないため寸法精度・形状精度は悪いこと，表面処理やバリ取りに適していることである．

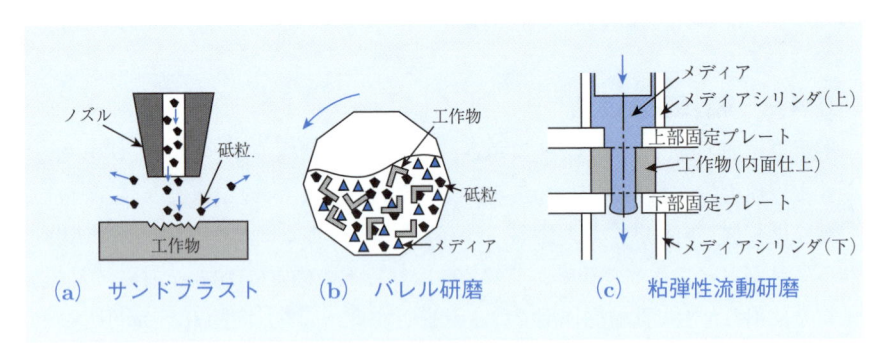

図 5.16 自由砥粒加工法

● 打製石器と磨製石器 ●

歴史的には打製石器の後に磨製石器がくる．しかし，打製石器のほうが磨製石器よりも切れ味に優れ，製造時間も短い．ただし，打製石器の切れ味は割れ方次第なので再現性が悪い．またクラックが残留し寿命が短いこともある．磨製石器になってこれらの問題が解決されたのである．

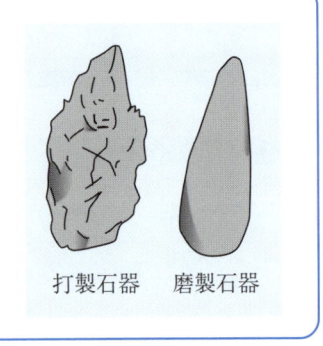

5.5 工作機械

主として金属の工作物を，切削，研削などにより，または電気，その他のエネルギーを利用して不要部分を取り除き，所要の形状に作り上げる機械を**工作機械**（machine tool）という．ただし，使用中機械を手で保持したり，マグネットスタンドなどにより固定するものを除く．狭義であることを特に強調するときには，金属工作機械ということもある．工作機械の運動は図5.17および表5.4の旋削の例に示されるように切削運動（cutting motion），送り運動（feeding motion），切込み運動（depth setting motion）により構成される．場合によっては工具の回転運動や工作物のインデックス（割出し）運動が加わることもある．すなわち，工作機械の基本的な動きは直線運動と回転運動の組合せとなっている．工作機械には一般に高い運動精度が求められるため，その直線運動や回転運動においても高い精度が求められる．高精度に直線運動を行うためには，まず真直度の高い案内を作り上げ，運動中それを維持すること，次にその案内に精度良く沿わせて動かすことが必要となる．一方，高精度に回転運動を行うためには，回転中心を動かさずに軸を回転させることが重要となる．高回転精度を得る原理は，真円の軸を3点以上で支え，軸の半径方向の移動がないように回転させることである．また工作機械においては高い位置決め精度も求めら

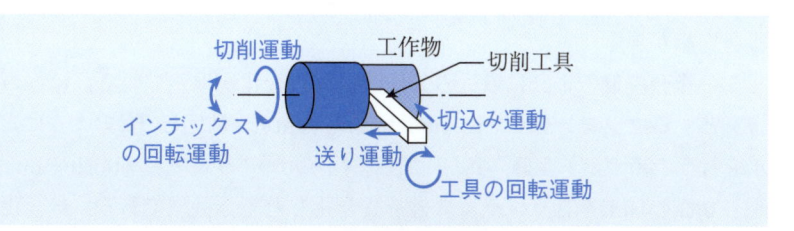

図5.17 工作機械の運動

表5.4 工作機械の運動の機能

機 能	加工運動	加工条件	単 位
工作物の回転	切削運動	切削速度	m min
工具の横送り	送り運動	送り量	mm/rev
工具の切込み	切込み運動	切込み量	mm

れる．位置決め誤差が生じる原因は，ストッパに当たるときの力や速度の違い，摩擦力の変化，室温の変化，機械の熱によるひずみなどである．

工作物の加工時には工具を所定の位置へ移動させて停止させる必要がある．その移動の際に基準となるのが**案内面**（guideway, slideway）である．案内面の精度の良し悪しが工作物の加工精度に影響を与える．直線案内駆動に要求される特性は，移動時のスムーズな摺動性，切削反力に打ち勝つ剛性，正確な位置決めの三つである．

工作機械は，基本的には主軸構造要素とそれらを結び付ける結合・案内機構，そしてこの案内機構で案内される主軸運動要素と加工に必要な運動を与えるための駆動機構から構成されている．ドリル加工やフライス加工は工作物を固定して工具を回転させて削るのに対し，旋盤では工作物を回転させ（工具を固定し）て削る．旋削加工を行う工作機械を旋盤と呼ぶ．最初の旋盤は全て手動であったが，精度や剛性が高くなり，最近では自動化されコンピュータによって制御されたNC（数値制御）旋盤が主流となっている．NC旋盤には，① 主軸が横軸で水平ベッド式と傾いたベッドを持つスラントベッド式の横型旋盤，② 大型の工作物を加工する主軸が立軸の立形旋盤，③ 旋盤の機能に加え回転工具を取り付けて旋削加工の他にフライス加工，ドリル加工ができるようになったターニングセンタ，旋盤でありながらマシニングセンタのような回転工具主軸を別に併せ持ち，これにより複雑な形状の加工ができるようになった複合旋盤がある．

この複合旋盤のように最近の工作機械は複合化が進んでいる．箱物の加工を得意とする**マシニングセンタ**（machining center）は**図5.18**のように穴あけ加工を行うためのボール盤，中ぐり加工を行うための中ぐり盤（boring machine），平らな面の加工を行うフライス盤を複合化した工作機械である．複合化の特徴は段取りが1回で済み，移送にかかる時間も短縮でき，非加工時間を短縮することができ，生産効率の向上につながることである．しかし，軸数が増えることで加工機械の価格があがり，振動が多くなる．また，プログラムに時間がかかることになる．ここで，段取り（arrangement）とは，うまく事が運ぶように前もって手順を整えることで，設備の設定変更，治工具の取替え，配置の変更などを指す．

5.5 工作機械

ボール盤

中ぐり盤

立てフライス盤

マシニングセンタ

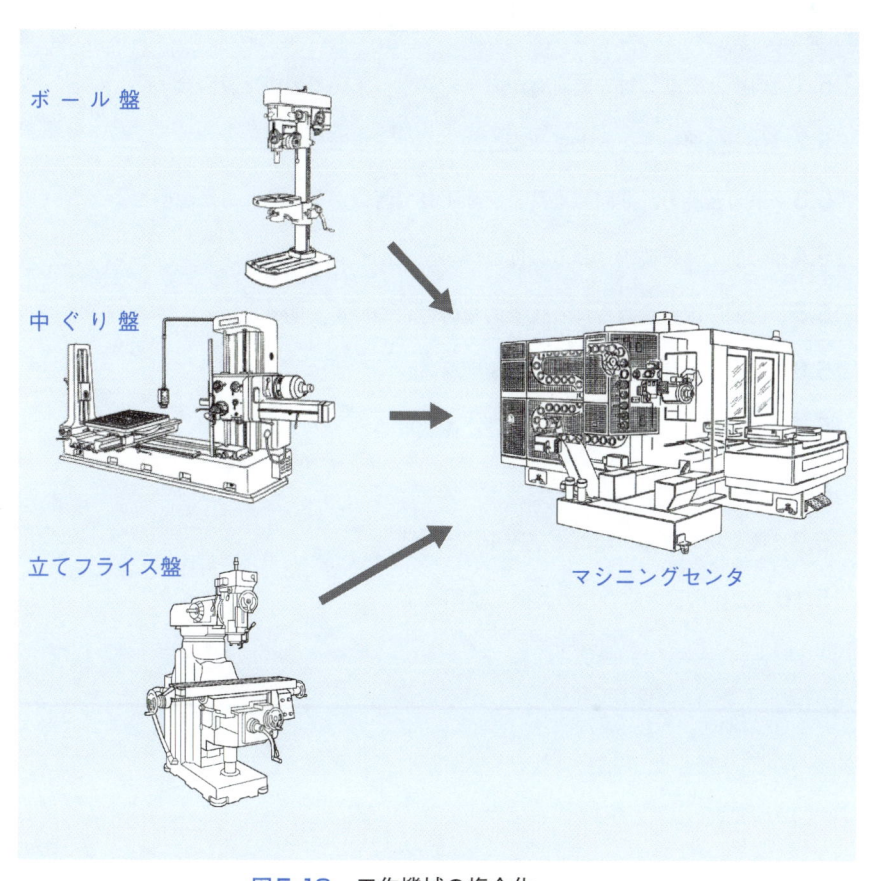

図5.18 工作機械の複合化
［引用元　JIS B0105：2012］

5章の問題

- **5.1** 切削と研削に対して研磨が大きく異なっている理由を説明せよ．

- **5.2** 仕上げ面粗さを向上させる方法について説明せよ．

- **5.3** 単刃と多刃，非回転工具と回転工具で特徴がどう変わるか説明せよ．

- **5.4** 切削工具に要求される特性について説明せよ．

- **5.5** 切削油剤に求められる代表的な特性について説明せよ．

- **5.6** 固定砥粒加工法の問題点を説明せよ．

- **5.7** 研削において硬く当たる条件を説明せよ．

- **5.8** 研磨の役割について説明せよ．

- **5.9** 位置決め誤差の起こる原因を説明せよ．

- **5.10** 工作機械の複合化の特徴を説明せよ．

第6章

特殊加工

　材料を加工するのに機械的なエネルギーではなく，電気エネルギーや光エネルギー，化学エネルギーなどを利用した加工方法の総称を特殊加工という．特殊加工では，機械加工では加工が困難な材質や形状を加工することが可能である．本章では，種々の特殊加工法の加工原理と特徴について説明する．

第6章 特殊加工

6.1 特殊加工の特長

　一般的に加工というと第5章で述べた機械加工を意味することが多い．機械加工は機械的エネルギーを加工の原動力とした除去加工であり，高い汎用性および制御性を有する加工法である．これに対し，**特殊加工**（non-traditional machining）とは，機械的エネルギー以外のエネルギーを用いて行う非力学的加工の総称である．特殊加工は従来の機械加工では加工しにくい，難削材の加工や複雑形状・微細形状の加工に用いられることが多く，機械加工とは異なる以下のような特徴を有する．

① 供給されるパワー密度が高く，加工物材料の機械的物性（硬さ，もろさなど）によらず高い生産性が得られる．
② 工具と加工物の接触がない非接触加工であるため，加工反力が小さく，また工具や装置の振動の影響が機械加工に比べて小さい．
③ 機械加工に比べて加工変質層（ダメージ）の発生が少なく，特に化学的な作用を利用した加工では変質層はほぼゼロとなる．
④ 加工物は分子やイオン，微粒子となって除去されることが多く，切り屑の加工に対する影響が少なく，加工生成物の処理も容易である．
⑤ 供給エネルギーの制御因子が多く，加工精度や生産性の適用範囲が広い．

　一方，特殊加工は電気エネルギー，光エネルギー，電気化学エネルギー，化学エネルギーを使用することから，安全性と環境への影響には十分配慮する必要がある．また，機械加工に比べて，一般的に除去体積当たりのコストが高くなる点にも留意すべきである．特殊加工は，表6.1に示すように，物理的な加工と化学的な加工に大別され，さらにどのようなエネルギーを用いて加工を行うかによって分類される．特殊加工は除去加工だけでなく付着加工や変形加工にも利用される．

表6.1　特殊加工の分類

	加工エネルギー	加工法
物理的な加工	電気エネルギー	放電加工，電子ビーム加工，イオンビーム加工，プラズマ加工
	光エネルギー	レーザ加工，光分解反応加工
化学的な加工	電気化学エネルギー	電解加工，電解研磨・電解研削，電気めっき・電鋳加工
	化学エネルギー	エッチング，ケミカルミリング，化学研磨，フォトエッチング

6.2 放電加工

放電加工（electric discharge machining）は，放電現象を金属材料の除去に利用した加工法であり，電気エネルギーによる除去加工の一つである．一方の電極（工具電極）と他方の電極（加工物）の間で発生する火花エネルギーにより加工物表面から材料を除去する．機械加工では加工が困難な難削材に対しても高い加工速度で様々な形状に加工できることから，特殊加工の中で最も広範囲に使用される加工法の一つである．放電加工には，工具電極の3次元形状を加工物に転写する**型彫り放電加工**と，金属細線を工具電極としてくり抜き加工等を行う**ワイヤ放電加工**の2種類がある．

6.2.1 放電加工の原理と特徴

放電加工では，図6.1に示すように，工具電極と金属の加工物を絶縁性の加工液（主に灯油や純水）に入れ，両者の間に電圧を印加する．放電加工のメカニズムは図6.2に示す通りである．工具と加工物の隙間が十分小さくなると，表面の1点で電界強度が加工液の絶縁破壊電界以上となり，**スパーク放電**が発生する．スパークの温度は数千°Cにもなり，放電点（スパークが発生した点）近傍の加工物は材料が溶融または蒸発する．同時に加工液も急速に加熱され気化する際に高圧力が発生し，この圧力によって加工物の溶融部分が除去される．工具と加工物は非接触であるため，加工力および加工反力が小さくなる．また，エネルギー密度が高く，加工物の硬度等に依存せずに加工ができる．

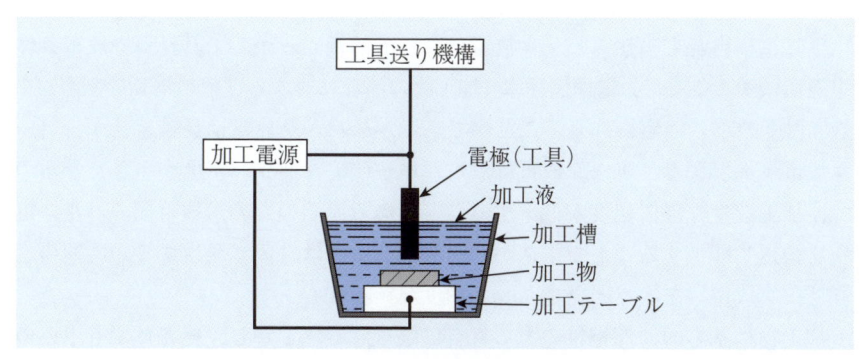

図6.1 放電加工の構成原理

(a) 放電発生

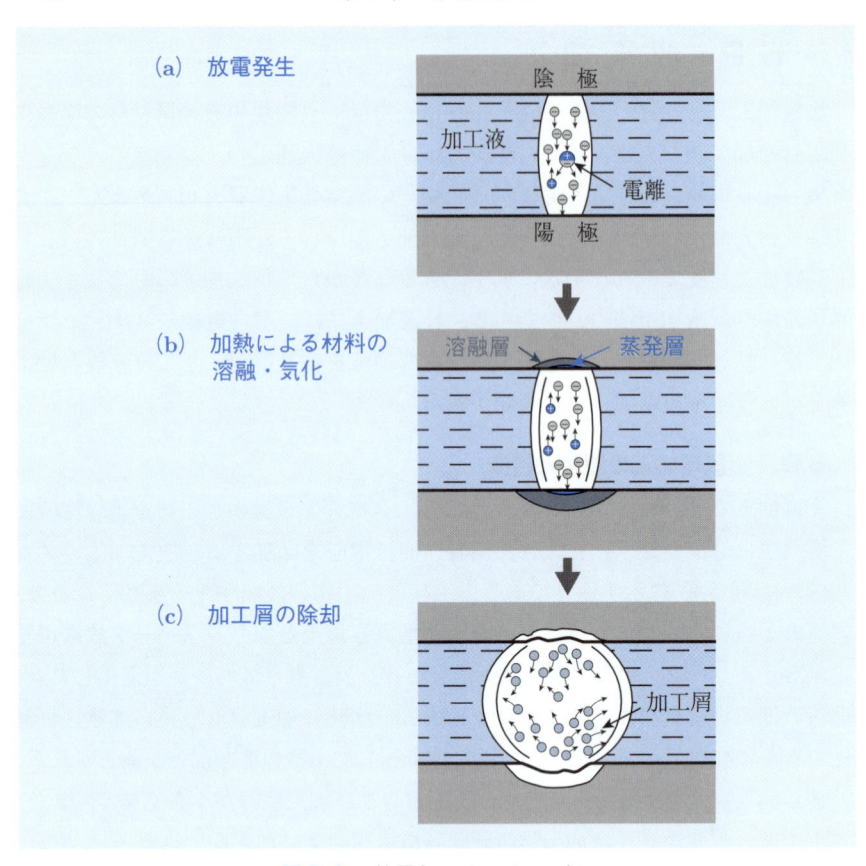

陰極
加工液
電離
陽極

(b) 加熱による材料の溶融・気化

溶融層　蒸発層

(c) 加工屑の除却

加工屑

図6.2　放電加工のメカニズム

　工具電極自身も当然スパーク放電によって消耗するが，工具材料や放電条件を適切にすることで，**電極消耗率**（加工物の消耗に対する電極の消耗の割合）を数％程度の小さい値に抑えることができる．スパーク放電は長続きせず，アーク放電へ進展する．アーク放電は放電領域が広く，パワー密度が小さくなるので，加工速度や加工精度が低下することになる．そのため，短時間のパルス電圧を繰返し印加することで，スパーク放電（または続いて発生する短時間の過渡アーク放電）を次々と発生させ，加工が行われる．
　加工物は基本的に導電性のある材料に限られる．しかし，絶縁体でも厚みの

薄いものは高電圧を印加することで加工が可能になる他，表面に導電性塗料などを塗布することで加工できる場合がある．それに対し，加工液は絶縁性の高いものでなければならず，導電性の液体を用いた場合は放電が発生せず電解加工となる．加工液を用いず気中で加工を行う場合もあり，これを気中放電加工という．

6.2.2 放電加工システム

放電加工のシステムは，放電加工機本体とそれに付随する，電力供給装置，加工液の供給・循環装置，およびそれらの制御システムで構成される．加工機本体は，工具電極の保持機構および送り機構と，加工槽内部には加工物を保持するテーブルとその位置決め機構等により構成されている．

<u>電力供給装置</u>　定常的なアーク放電に移行しないよう放電電力を供給する必要があり，放電電流，放電時間，パルス幅および休止時間等を制御する．

<u>加工液の供給・循環装置</u>　加工屑のろ過等により加工液の抵抗を一定に保つ機構が設けられている．

<u>制御システム</u>　これらの機構をシステム制御装置によって制御しており，工具電極の送り制御，テーブル（加工点）の数値制御，放電電力の制御等を行っている．

6.2.3 型彫り放電加工

型彫り放電加工は，図6.3 に示すように，工具電極の形状を放電加工によって加工物に転写する加工法である．加工物に形成したい形状に対応した形に工具電極を成形し，工具と加工物の間で放電を発生させて加工を行う．加工の進展に伴い，工具と加工物との隙間が一定となるよう徐々に工具電極を送っていく．加工液には通常絶縁油が用いられる．型彫り放電加工では，工具電極の形状が変わると加工精度の悪化に繋がる．そのため電極消耗率の小さいグラファイトや銅などが電極材料として用いられる．工具電極は通常回転させる必要がなく，複雑形状の型彫り加工や貫通穴加工，アスペクト比（穴の径に対する穴の深さ）の高い穴加工が可能である．

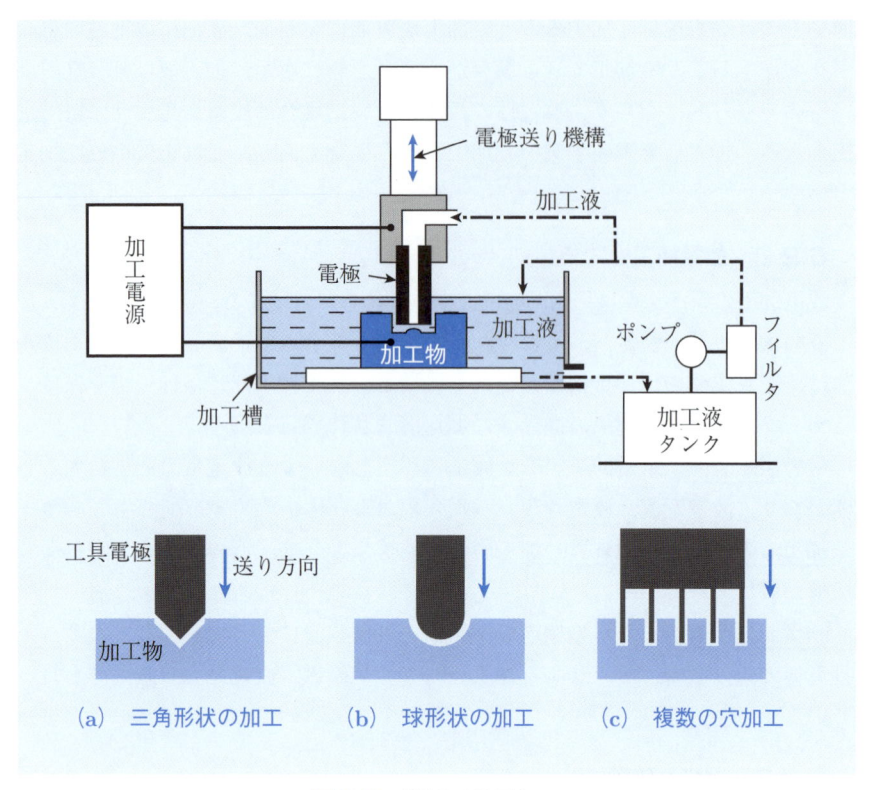

図6.3　型彫り放電加工

6.2.4　ワイヤ放電加工

　ワイヤ放電加工（ワイヤカット放電加工とも呼ぶ）は，金属のワイヤを工具電極として用い，ワイヤ電極を一定の速度で巻き取りながら加工物に近付け，糸鋸のように加工する方法である．図6.4 に示すように，張力をかけた状態で工具ワイヤを送りながら，加工物とワイヤの間に放電を発生させて加工する．加工物とワイヤの相対運動を与えることで，輪郭形状を加工する．加工物を設置したテーブルを数値制御により2次元的に動かすことで，相対運動を与える．加工液には適当な比抵抗に調整された純水が用いられる．型彫り放電加工とは異なり，工具電極のワイヤを巻き取り，常に新しい工具が供給されるため，電極の消耗は問題とならない．

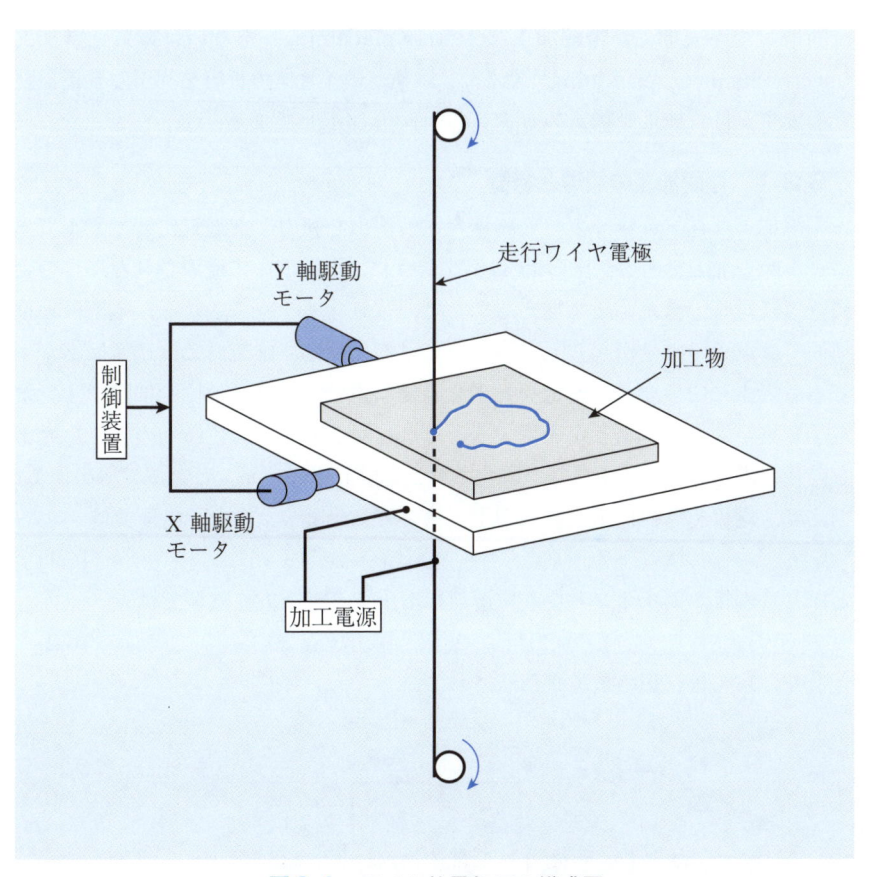

図6.4　ワイヤ放電加工の構成図

6.3 電解加工・電気めっき

電解液中に浸漬した二つの電極間に電圧を印加し電気分解を行うと，陽極では電極の溶出（電解溶出）が起こり，陰極では電解液中の陽イオンの析出が起こる（電極材質やイオンの種類によってはガスの発生にとどまる）．電解溶出を利用した除去加工が**電解加工**（electric machining）あるいは**電気化学加工**（electrochemical machining）であり，陰極へのイオンの析出を利用し金属被膜を形成する付着加工が**電気めっき**（electroplating）である．

6.3.1 電解加工の原理と特徴

電解加工は電気分解で生じる陽極の電解溶出を利用した電気化学エネルギーによる除去加工である．図6.5に示すように，電解液中に浸漬された二つの金属電極に対し，直流電圧を加えることで，電気分解を生じさせる．電解液と電極間では電子の授受が起こり，陽極側では酸化反応，陰極側では還元反応が生じる．炭素や白金などの安定な元素を陽極に用いた場合，陽極では陰イオンが電子を失い酸素ガスなどが発生する．それに対し，イオン化傾向の大きな元素を陽極に用いると，陽極自身が酸化され，電解液中にイオンとなって溶出する．例えば，銅板を陽極に用い硫酸銅水溶液を電気分解した場合，陽極では

$$Cu \rightarrow Cu^{2+} + 2e^- \tag{6.1}$$

となり，銅板が銅イオンとなり電解液に溶出する．一方，陰極では

$$Cu^{2+} + 2e^- \rightarrow Cu \tag{6.2}$$

となり，陰極板に銅の被膜が形成される．

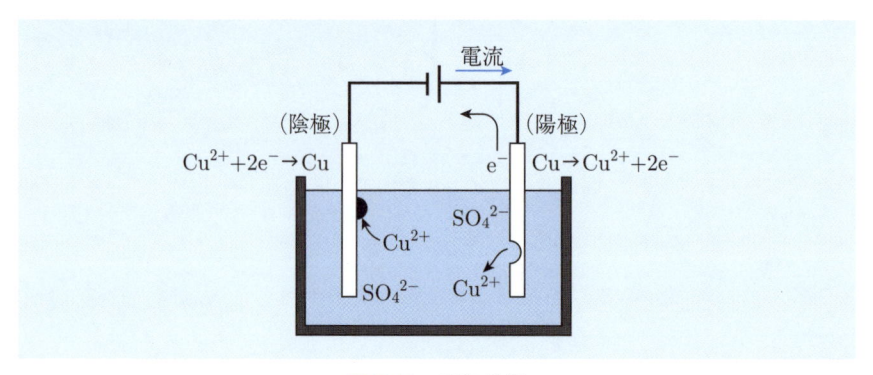

図6.5 電気分解

6.3 電解加工・電気めっき

上記からわかるように,電気分解において陰極を工具電極として用いることで,加工物である陽極を化学的に加工することができる.電解加工の加工速度はファラデーの**法則**を用いて理論的に求めることができる.すなわち原子量 M,原子価 n の物質を電流 I,時間 t の条件で電解したとき,溶出する元素の量 w は

$$w = \frac{M}{nF}It \tag{6.3}$$

となる.ここで F はファラデー定数($= 96500\,[\mathrm{C/mol}]$)である.よって,加工速度(単位時間当たりの加工量)R は次式で求められる.

$$R = \frac{w}{t} = \frac{M}{nF}I \tag{6.4}$$

(6.4) 式から電解加工における加工速度は電解電流と比例することがわかる.$\frac{M}{n}$ および $\frac{M}{nF}$ は物質によって決まる定数であり,前者を**化学当量**,後者を**電気化学当量**という.しかし,実際には全ての電流が加工物の溶出に使用されるわけではなく,ガスの発生等に消費されることがある.ファラデーの法則で理論的に求められる除去量に対する,実際の除去量を**電流効率**といい,電解液や電解条件によって変わる.

放電加工と同様,電解加工は加工物の機械的強度に依存せず加工ができる.しかし,放電加工では物理的な材料除去であるのに対し,電解加工では化学的な材料除去を原理としている.そのため電解加工では,電極消耗がない,加工変質層が生じないなどの特徴がある.**表6.2** に電解加工と放電加工の特徴を示す.

表6.2 電解加工と放電加工の特徴の比較

	電解加工(ECM)	放電加工(EDM)
加工物	金属であれば材料の機械的強度によらず加工できる.	金属であれば材料の機械的強度によらず加工できる.絶縁体でも導電性物質を塗布することなどで加工できることがある.
加工液	導電性電解液	絶縁性の油,純水
電極	工具電極は導電性のある金属であれば良い.電極消耗はない.	導電性の工具電極であるが,電極材質によって電極消耗が変わる.
加工速度	放電加工より加工速度が大きい.電流密度に比例して加工速度を増加させることができる.	パルス放電による加工であり,パルスの繰返し数には限界があるため,加工速度は電解加工に劣る.
仕上げ面粗さ	鏡面に近い平滑面が得られる.	放電痕の集積であり,梨地面となる.
加工変質層	化学的な溶出による加工であり,加工変質層は全く生じない.	放電による急加熱による加工であり,熱影響層などの加工変質層が生じる.

6.3.2　電解加工システム

電解加工には種々の方式があるが，一般的には図6.6に示すような加工装置が用いられる．加工物（陽極）と工具（陰極）を微小な隙間を持たせて配置し，電解液を介して直流電圧を印加する．加工物は電極形状を反転させて形状に加工される．加工の進展に伴い，加工物と工具との距離が変わると加工速度や加工精度に影響するので，隙間が常に一定となるように電極に送りが与えられる．電解液は通常，工具内部から噴出するように供給されており，電解液の流れによって電解生成物や，加工物表面の不動態被膜が除去される．

6.3.3　電気めっきと電鋳加工

電気分解において，陽極での電解溶出を利用した除去加工が電解加工であるが，陰極では電解液中の金属イオンが還元され，陰極板表面に析出する．たとえば，硫酸銅水溶液を電気分解した場合，(6.2)式のように陰極板表面で銅イオンが還元され，銅の被膜が形成される．この現象を利用した付着加工が**電気めっき（電着）**および**電鋳加工**（electroforming）である．

めっき（plating）は基材上に金属被膜を形成する付着加工の総称であり，表6.3に示すように，湿式法と乾式法に分類される．

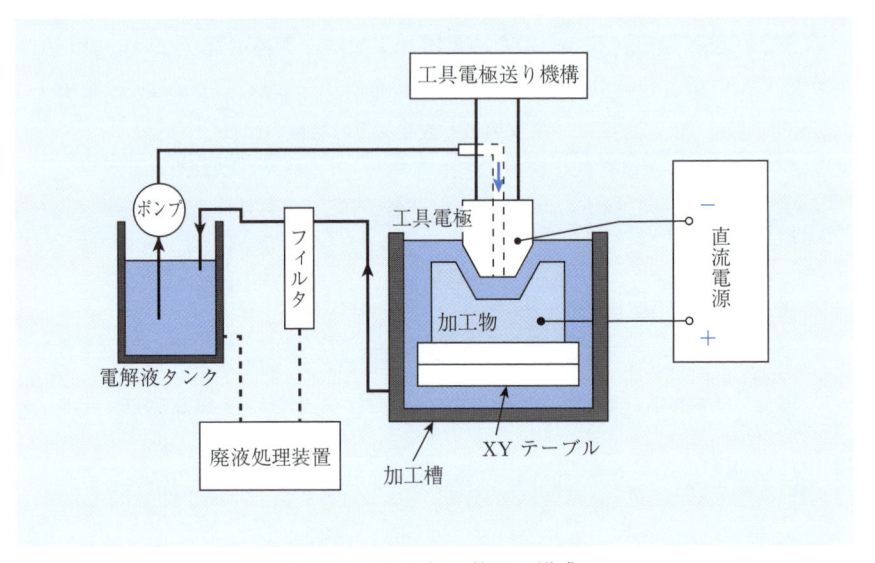

図6.6　電解加工装置の構成

表6.3 めっきの分類

- めっき
  - 湿式めっき
    - 溶融めっき
    - 電気めっき
    - 置換めっき
    - 無電解めっき
  - 乾式めっき
    - 物理気相成長（PVD法）
      - 真空蒸着
      - スパッタリング
      - イオンプレーティング
    - 化学気相成長（CVD法）

　湿式めっきは，図6.7のようにめっき液中に基材を浸漬させ，被膜を形成する方法である．この方法には，① 低融点の溶融金属中に基材を浸した後，引き上げて被膜を形成する方法（**溶融めっき**）と，② めっき液中の金属イオンを還元することで被膜を形成する方法がある．②には**電気めっき**，**置換めっき**，**無電解めっき**があり，それぞれの特徴を表6.4に示す．

　乾式めっきは，金属を真空中またはガス雰囲気中で蒸発させ，基材上に凝着させて被膜を形成する方法である．めっきは製品に美観を付与する（装飾めっき）ために行われる他，耐食性や耐摩耗性などの製品の機械的特性を向上させる．また，粒子や繊維などを被膜とともに析出させる複合めっきにより製品に新しい機能を付与することを目的に用いられる．

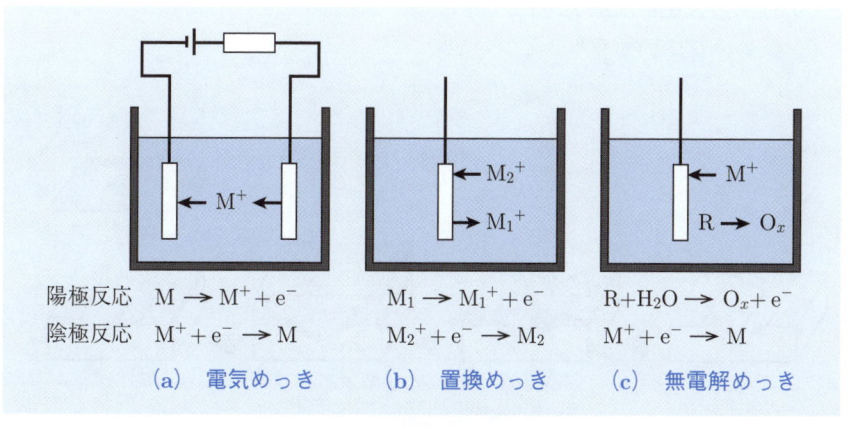

	(a) 電気めっき	(b) 置換めっき	(c) 無電解めっき
陽極反応	$M \rightarrow M^+ + e^-$	$M_1 \rightarrow M_1^+ + e^-$	$R + H_2O \rightarrow O_x + e^-$
陰極反応	$M^+ + e^- \rightarrow M$	$M_2^+ + e^- \rightarrow M_2$	$M^+ + e^- \rightarrow M$

図6.7 湿式めっきの分類

表6.4　湿式めっきの特徴

めっき法	還元方法	利点	欠点
電気めっき	電気分解による還元.	多くの金属が任意の厚さにめっきできる.	導体にしかめっきできない.
置換めっき	金属のイオン化傾向の差による還元.	浸漬するだけでめっきできる.	被膜を厚くできない．ピンホールができる．
無電解めっき	還元剤による還元.	不導体にも均一にめっきできる.	浴管理が難しい．自己触媒性のある金属しかめっきできない．

　電鋳加工は母型材料の表面にある程度の厚さを持った電着層を形成し，この電着層を型から剥離することで，母型の反転形状の製品を作る方法である（図6.8）．電気めっきと同じ原理であるが，電着層が電気めっきよりも厚く，数百 μm から数 mm の厚さの膜が形成される．電鋳加工の特徴を以下に示す．

① 母型との誤差が小さく，加工精度を非常に高くできる．また，母型の粗さを良くすることで表面粗さの良好な製品が得られる．
② 浴組成や電着条件などにより，電鋳品の機械的特性を広範囲に調整することができる．
③ 製品の形状や寸法に制限がなく，複雑な形状や継ぎ目なしの異型管が製造できる他，微細なものや巨大な製品も作ることができる．
④ 母型に耐久性があるものを使用することで，大量生産が可能になる．また，機械加工よりも一般的に低コストとなる．
⑤ 金属の種類に制限がある．
⑥ 電着内部応力が発生する．

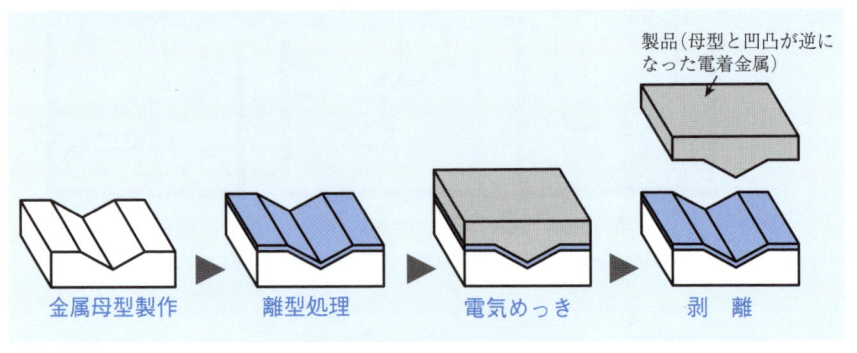

図6.8　電鋳加工の工程

6.4 化学加工

化学加工は，化学的な材料の溶解（エッチング（etching））を利用した加工技術であり，そのうち除去加工には，**化学打抜き**（chemical blanking），**ケミカルミリング**（化学切削（chemical miling）），**化学研磨**（chemical polishing）などがある．材料の表面を耐食性被膜（**マスク**（mask）または**レジスト**（resist））で覆うことで，材料の溶解を一部に限定し，所望の形状を得ることができる．材料表面を覆うマスクに感光性材料を用いてパターンを形成し加工を行う方法を**フォトファブリケーション**（photo-fabrication）と呼び，金属や非金属の微細加工技術として近年広く利用されている．

6.4.1 化学加工の特徴

化学加工は，薬液に材料を浸漬させることなどによって，材料表面を溶解・除去する加工法[†]である．化学加工は電解加工と同様，機械的・物理的エネルギーを使用せず，化学的な溶解作用によって材料を除去する加工原理であり，以下のような特徴を有する．

① 材料表面に加工変質層を全く発生させずに加工が可能である．
② 材料の硬度や強度に依存せずに加工できる．
③ 工具を必要としない．
④ 写真技術の利用で微細・複雑な形状の加工が可能である．
⑤ 生産性が低い（ただし同時大量加工が可能）．
⑥ 加工精度はそれほど高くない．
⑦ 深さ方向の加工には限界がある．
⑧ 安全衛生面に注意する必要がある．

機械加工に対して，化学加工の最も大きな利点は，加工変質層を生じないことである．そのため半導体素子の製造工程において，機械加工で生じた加工変質層を除去するためにも利用されている．

[†] 化学加工という場合，除去加工に限定されず付着加工も含まれる．また，化学加工には湿式加工だけでなく乾式加工もあるが，本節では主に湿式法について述べる．

6.4.2 フォトファブリケーション

フォトファブリケーションは，写真技術を利用した加工法であり，フォトエッチングとフォトエレクトロフォーミングに分けられる．フォトファブリケーションの工程を図6.9に示す．**(a)** のフォトエッチング（photo-etching）（フォトリソグラフィ（photo-lithography）とも呼ばれる）では，① 材料の表面にフォトレジスト（photo resist）と呼ばれる感光性材料の被膜を塗布する．フォトレジストは，感光した部分（光が照射され性質が変化した部分）が現像液に対して不溶性になる負型（ネガティブ）レジストと，その逆の正型（ポジティブ）レジストがある．② 所定のパターンが形成された原版（フォトマスク）を通して，フォトレジストを露光する．現像工程では未感光部分を現像液によって除去（負型レジストの場合）する．③ エッチング液によってフォトレジストがない材料が露出された部分を化学的に溶解する．④ 残ったレジストを除去して完成となる．**(b)** のフォトエレクトロフォーミング（photo-electroforming）においても，現像工程まではフォトエッチングと同様であるが，レジストのない部分にめっき膜を形成し，それを剥離する電鋳によって所望の形状を得る．

露光工程では，光の回折現象によって解像力に限界がある．回折現象は光の

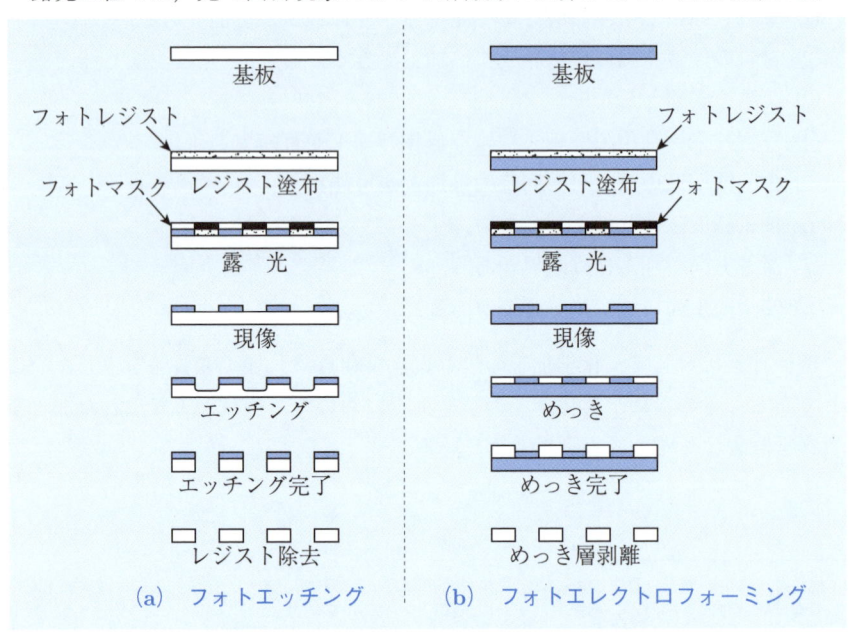

図6.9　フォトファブリケーションの工程

波長に依存するため，より微細なパターンを得るために，電子ビーム露光やX線露光などが利用されている．

フォトファブリケーションは，半導体LSIの製造工程において無くてはならない技術である．また，**MEMS**（micro electro mechanical system，微小電気機械素子）の製造工程にも使用される．

6.4.3 化学打抜きとケミカルミリング

化学打抜きとケミカルミリング（化学切削）は本質的には同一の除去加工法であり，前者は特にエッチングによって貫通穴を施す加工をいう．機械的なプレス打抜きでは，工具や加工物に大きな負荷がかかり微細な打抜きが困難であり，また複雑形状の加工には工具製作上，不利となる場合がある．化学打抜きでは精密なマスク製造によって，機械加工では困難である微細かつ複雑な打抜き加工を比較的容易に行うことが可能である．

化学打抜きが貫通腐食するのに対し，ケミカルミリングは加工深さを制御して3次元的加工を行う．図6.10に示すように，ケミカルミリングではマスクの使用によって種々の形状に加工を行うことができ，加工形態によって全面除去加工，部分除去加工，段付除去加工，テーパ除去加工に分類される．全面除去加工はマスクを使用せず材料の全体を一様に減少させる．部分除去加工では加工物の同一表面上にマスクにより多くの露出面を作り，複数の露出面を一度に加工する．段付除去加工は，部分除去を拡張したもので，ある部分が所定の深さになった時点で，マスクの一部を剥離して再度エッチングを行う．テーパ除去加工では，加工物を一定の速度でエッチング液に浸漬するか，逆に浸漬された加工物を一定の速度で引き上げるなどする．

フォトファブリケーションは主に微細加工に適しているのに対し，ケミカルミリングは広い面積を比較的浅く加工することが利点であるため，航空機部品の軽量化のための肉抜き等に使用される他，機械加工で生じたバリの除去にも使用される．

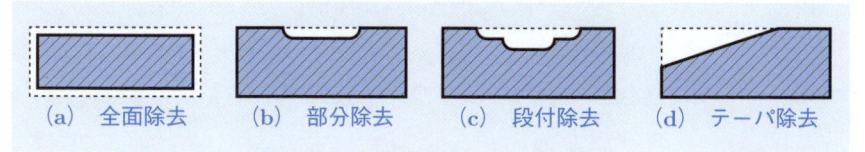

図6.10 ケミカルミリングの加工形態

6.5 レーザ加工

レーザ (laser) は,「誘導放射による光の増幅」を意味する light amplification by stimulated emission of radiation の頭文字を取ったものである．レーザ光は，単色性，指向性，干渉性に優れており，また非常に高いパワー密度が得られることなどの特徴を持つことから，計測，加工，医療，表示装置などといった幅広い分野で利用されている．レーザ加工もレーザの持つ優れた指向性と高い出力を利用した加工法であり，レーザの持つエネルギーを熱エネルギーに変換して，加工物を除去，溶接，熱処理等を行う方法である．

6.5.1 レーザの発振と種類

レーザの発振には光共振器と呼ばれる装置が用いられる．光共振器は，レーザ媒質の両端に平行に反射鏡を対向させた光の定在波作り出す光学配置である．光共振器によるレーザ発振器の構成を図6.11に示す．媒質に外部からエネルギーを供給し媒質中の粒子を励起する（ポンピングという）．励起された粒子が基底状態に戻る際に，ある波長の光を放射する（**自然放射**）．このとき放出された光は，既に励起された粒子を刺激して，位相や波長などが同じ光が発せられる（**誘導放射**）．誘導放射により発せられた光は光共振器の両端を行き来し，連鎖反応のように誘導放射を引き起こすことによって光が増幅される．光の強度が十分に大きくなるとレーザ光として外部に放出される．

レーザは，発振材料の種類によって固体レーザ，気体レーザ，半導体レーザ等

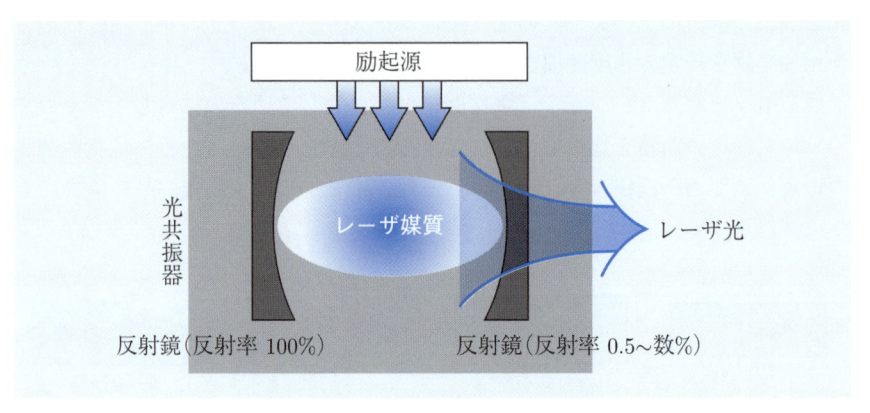

図6.11　レーザ発振器（光共振器）

に分類される．固体レーザはフラッシュランプなどの光によって物質を励起するのに対し，気体レーザでは気体放電によって励起される．加工には YAG レーザと CO_2 レーザが多用される．YAG レーザは入力が小さく，常温で連続発振が可能であり，高速繰返しパルスが与えられるなどの特徴を有する．CO_2 レーザは，指向性が良くスポット径を小さくできる他，大きな連続出力が得られることなどが特徴である．

6.5.2 レーザ加工の分類と特徴

レーザ加工は出力の大きなレーザビームをレンズ等で集光することで，極めて大きなパワー密度の光が得られる．これを加工物表面に照射すると，加工物の局部がレーザを吸収，瞬時に加熱され材料が溶解または蒸発し加工が行われる．図 6.12 にレーザ加工装置の構成を示す．レーザ加工ではレーザのパワー密度および照射時間によって加工の形態が変わりレーザ穴あけ・切断，レーザ溶接，レーザ焼入れ等の表面処理（レーザ熱処理）を行うことができる（図 6.13）．

レーザ穴あけ・切断 レーザ穴あけとレーザ切断では基本的にパワー密度の高いレーザビームが用いられる．穴あけでは熱伝導によって逃げるエネルギーを小さくするため，YAG レーザが主として用いられパルス状にレーザ光が放射される．レーザ切断では被加工物を送りながら連続発振の CO_2 レーザを照射する．アシストガスを加工物に噴き付けることで溶融物を吹き飛ばしながら加工を行う．

レーザ溶接 レーザ溶接はレーザ穴あけなどとほぼ同じ装置構成であるが，パワー密度の小さいレーザが使用される．穴あけ加工では，材料を沸点以上に加熱する必要があり高パワー密度のレーザが使用されるのに対し，溶接では材料の温度を沸点と融点の間に保持することが重要である．

レーザ熱処理 レーザ溶接よりもさらにパワー密度の低いレーザを材料表面の広範囲に照射して表面を加熱することで熱処理を施し，耐摩耗性の向上などを行う．材料の温度は基本的に融点よりも高くならないようにパワー密度や照射時間を調整する必要がある．

レーザ加工の特徴は以下のようなものが挙げられる．

① 通常の加工では最小スポット径が $10\,\mu m$ 程度であり，微細な加工ができる．
② パワー密度が高く，従来の方法では加工が困難な材料に対しても加工が可能である．

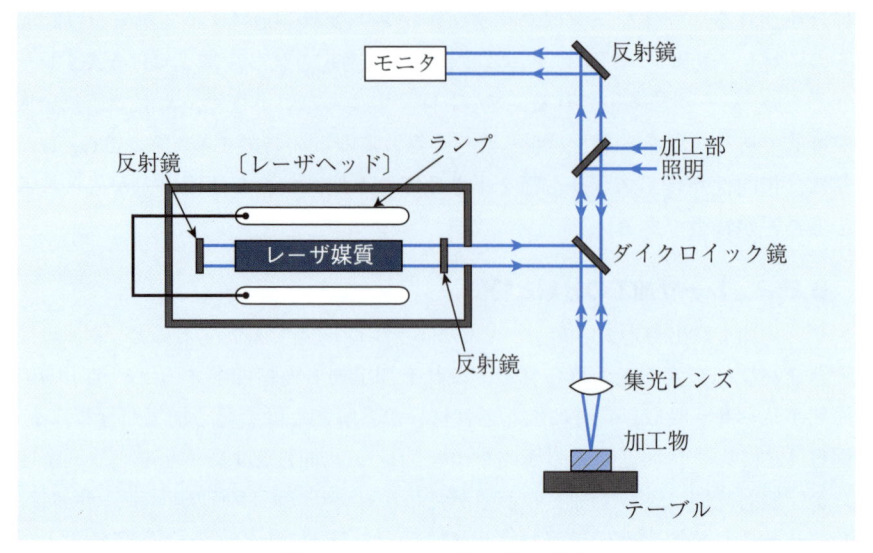

図6.12 レーザ加工機の構成

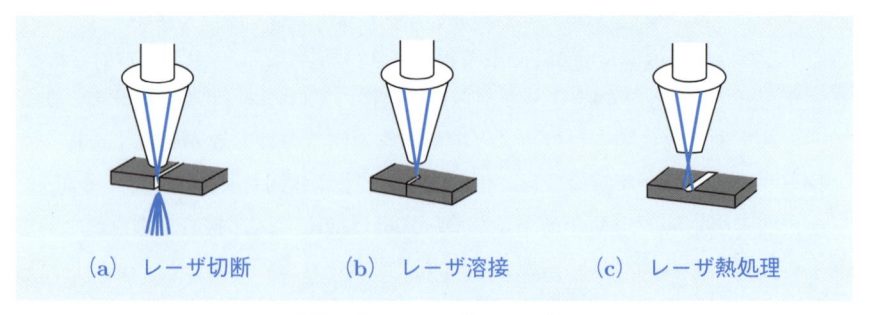

図6.13 レーザ加工の形態

(a) レーザ切断　(b) レーザ溶接　(c) レーザ熱処理

③ 工具の接触によるゆがみや汚れ，ダメージがない．
④ 透明体を通して加工できる．
⑤ 真空あるいは特殊な雰囲気を必要としない．
⑥ エネルギー効率（レーザヘッドへの入力エネルギーに対するレーザ出力の比）が低い．
⑦ 焦点距離の短いレンズでは，レンズ自体がレーザ光や除去物の飛散により損傷を受ける危険性がある．

6.6 電子ビーム加工

電子ビームは，電子をビーム状に集束・加速して得られる粒子線である．電子ビームの持つ運動エネルギーを加工物表面で熱エネルギーに変換して，穿孔（せんこう），溶接，表面処理等を行う加工法を**電子ビーム加工**（electron beam machining）と呼ぶ．電子ビームの用途は多岐にわたっており，上記の熱的加工以外には，電子顕微鏡，電子ビーム露光，電子ビームキュアリング（樹脂の硬化処理）や滅菌などに利用されている．また，電子ビームをゴムやプラスチック等の高分子に照射すると，耐熱性，強度，保水力，難燃性，硬度，断熱性などが向上する他，材料の分解や殺菌・滅菌などの効果がある．

6.6.1 電子ビーム加工の原理と特徴

電子ビームは，電子を正電位によって加速し，ビーム状にすることで得られる．しかし，電子が走行する空間に気体分子が存在すると，電子と気体分子の衝突が頻発して，加速が困難になる．そこで電子ビーム加工では，$10^{-4} \sim 10^{-6}$ Torr 程度の真空中で電子を加速し，かつ集束して加工物に照射される．照射された加工物の局部は高熱に加熱され，加工物を溶融または蒸発することで穿孔または溶接などが行われる．

電子ビーム加工装置の基本構成を**図6.14**に示す．電子ビーム加工装置は，① 電子を放出・加速する電子銃，② レンズ系，③ 加工室，④ 排気系，⑤ 電気制御系，⑥ 光学観察系などによって構成されている．電子銃は種々のものがあるが，タングステンフィラメントをヘアピン状にしたものを加熱して熱電子を放出させるものが代表的である．放出された電子は直流の高電圧によって加速され，さらに電子レンズ（電磁レンズ）によって細いビームに集束され，加工物表面上に焦点ができるようにする．

電子ビーム加工によって種々の形状を加工するには，加工物と電子ビームに相対運動が必要となる．電子ビームの照射位置は偏向コイルによって移動させることができる他，大きな移動距離に対しては電子ビームではなく加工物を移動させることで，電子ビームのスポット径よりも大きい寸法の加工が可能となる．

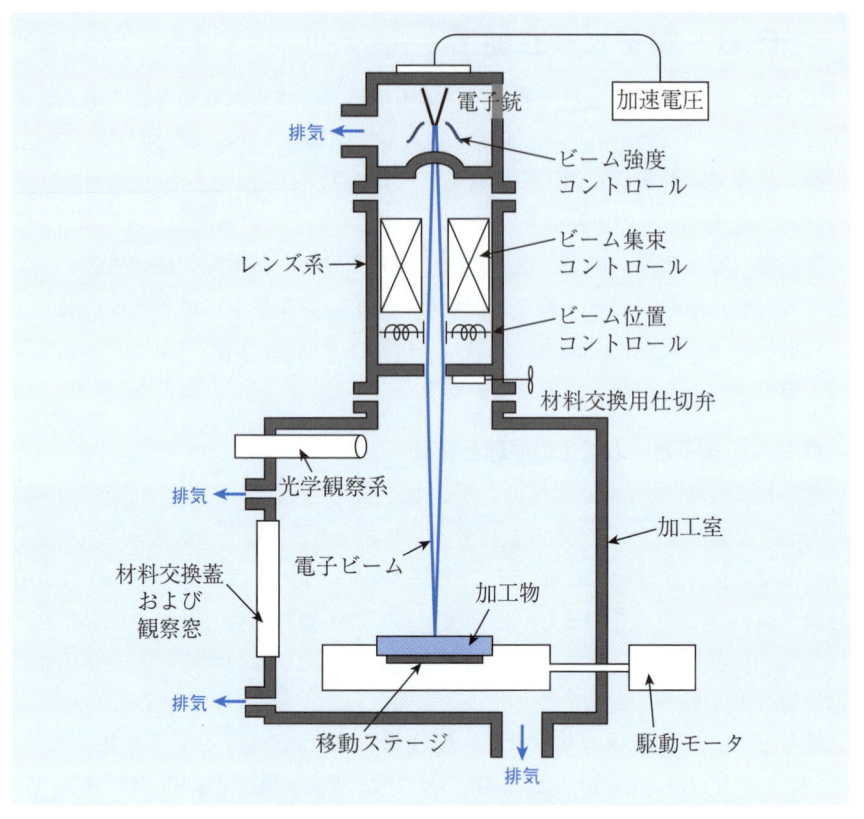

図6.14 電子ビーム加工装置の構成

電子ビーム加工は電子が持つ性質に基づき以下のような特徴がある．
① 電子ビームを極めて細く絞ることができ，深穴の加工に適している．
② あらゆる加工物の材質に対して蒸発温度以上となる極めて高いパワー密度の照射が可能である．
③ 穴あけ時間が数十秒程度と短く，熱影響層が及ぶ範囲が少ない．
④ 磁界や電界で強度や位置，集束を直接電気的に制御できる．

電子ビーム加工とレーザ加工は類似した特徴を持つが，電子ビーム加工ではレーザ加工よりも高いエネルギー密度が得られる．一方，電子ビーム加工では真空設備が必要になることや，材料からX線が発生する点に留意が必要となる．

6.6.2 電子ビーム加工の分類

電子ビームの適用分野はパワー密度やスポット径と密接な関係がある．パワー密度が低くスポット径が大きい場合は溶解に使用され，パワー密度が高くスポット径が小さくなるにつれて，適用分野は溶接，蒸着，穿孔に変化する．スポット径が 1 μm 以下のものはキュアリングや描画に使用される．

<u>電子ビーム穿孔</u>　電子ビームによる穿孔（孔あけ）では，高パワー密度の電子ビームを加工物表面に照射し，加工物の局部を急加熱することで材料を溶融・蒸発させて除去を行う．金属材料だけでなく，ダイヤモンドやサファイアなど極めて硬質で機械加工が困難な材料に対しても高い生産性と優れた精度で加工が可能である．特に，引抜き加工（3.3 節）で使用されるダイヤモンドダイスの孔あけにおいては，直径数十 μm の孔を機械加工に比べて極めて短い加工時間であけることができ，電子ビーム加工の重要な応用分野の一つである．

電子ビームによる加工物の溶融と蒸発の割合はビームのパワー密度によって異なり，パワー密度が高いほど蒸発の割合が大きくなる．材料の融点程度となる低いパワー密度の電子ビームでは蒸発はわずかであり，融点以上に加熱された材料の溶融物が加工物表面に広がる（図6.15 (a)）．パワー密度が中程度となると蒸発の割合が大きくなり，蒸発による蒸気によって空洞泡が生じる（同図 (b)）．材料の蒸発点をはるかに上回る極めて高いパワー密度のビームでは蒸発が主体となり，孔の入口から材料が効果的に除去されていく（同図 (c)）．

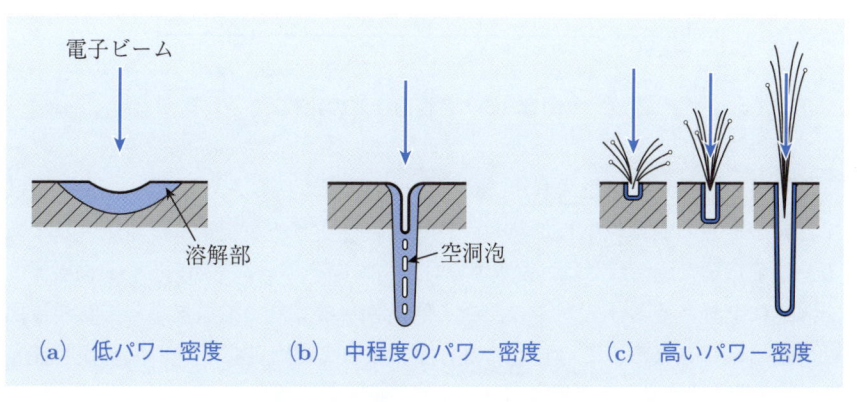

(a) 低パワー密度　(b) 中程度のパワー密度　(c) 高いパワー密度

図6.15　電子ビーム加工の原理

電子ビーム溶接　電子ビーム穿孔よりも低いパワー密度のビームによって，加工物表面を溶融させることで電子ビーム溶接を行うことができる．電子ビーム溶接では，パワー密度が高く，貫通性も高いことから，他の溶接方法に比べて溶融域が小さく深い溶け込みとなる（図6.16）．そのため電子ビーム溶接では精密加工部品の仕上げ溶接が可能となる．一方，電子ビーム溶接では，真空室が必要となるため，一般的には小型部品の溶接に適しているといえる．

電子ビーム溶接の特徴は以下のようになる．
① 化学的に活性に富む金属の溶接や異種金属同士の溶接，高い化学的清浄度が要求される溶接が可能．
② 50 mm の厚板から 0.1 mm の薄板まで溶接できる．
③ 電子ビーム加熱は非常に速く，溶接が高速化する．
④ ビーム径を細く，パワー密度を高くできる．

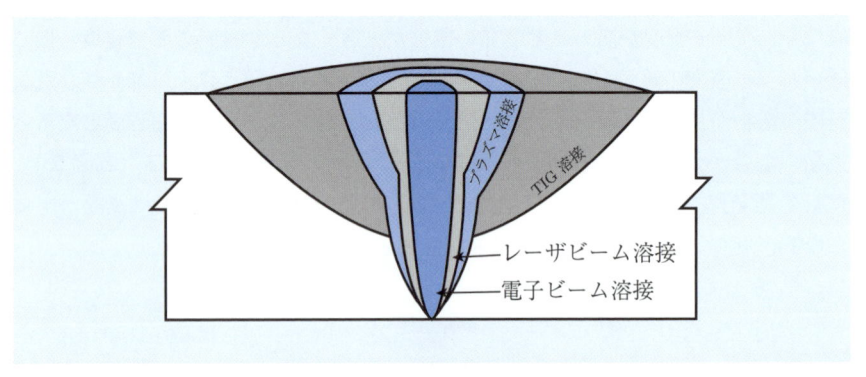

図6.16　各種溶接法の比較

電子ビーム熱処理（焼入れ）　電子ビーム溶接よりもさらに低いパワー密度で材料を融点の温度以下に加熱し，熱処理を行う方法が電子ビーム焼入れである．電子ビーム焼入れでは，真空中で対象物に電子ビームを照射し，表面層温度を急速に上昇させる．ビームの照射を停止させると熱の拡散によって材料表面は急速に冷却される．この自己冷却作用によって局所的に焼入れ処理が可能となる．

6.7 イオンビーム加工

イオンビーム加工 (ion beam machining) はイオン源で発生したイオンを加速しながら，加工物表面に衝突させ，イオンの持つ運動エネルギーを利用して除去加工や付着加工を行う方法である．電子よりも質量が大きいイオンを利用することにより，電子ビーム加工よりも効果的に加工が可能である．

6.7.1 イオンビーム加工の原理と特徴

イオン銃で発生したイオンを細いビーム状に絞り，電子ビームと同様の形態で加工を行うものがイオンビーム加工である．加工物表面に照射されたイオンの衝突によって材料表面から原子を叩き出す効果（**スパッタリング**）によって加工が行われる．レーザ加工や電子ビーム加工は熱的な加工であり，材料表面の溶融・蒸発を利用した加工であるのに対し，イオンビーム加工は物理的なスパッタリング（6.7.2項参照）を利用した非熱加工である．イオンの入射方向に沿った加工が可能であり，入射角とスポット径を調節することによって，任意性の高い3次元形状をサブミクロンオーダの精度で加工することができる．イオンには Ar が一般的に用いられるが，より質量の大きな Kr が用いられることがある．

イオンビーム加工装置の一般的な構成を図6.17に示す．イオンの発生にはまず電子ビームを発生・加速させ，電磁レンズによって集束させる．放電室には適量のガスが供給されており，ガス分子に電子が衝突することによって電離させイオンが発生する．これを引き出し電極によって加速させ，集束電極ならびに静電レンズによって加工物上に集束させる．イオンビーム加工では，電子ビーム加工と同様に通常真空室が必要となる．

6.7.2 イオンビーム加工の分類

イオンビームは電子ビームと同様，パワー密度とスポット径によって種々の用途がある．パワー密度が大きいイオンビームは除去加工に用いられ，パワー密度が小さくなるにつれ，表面クリーニングやイオン注入へと用途が変わる．イオン注入は固体中にイオンがとどまる性質を利用し，固体中に別の原子を注入する方法で，半導体製造の分野に用いられている．

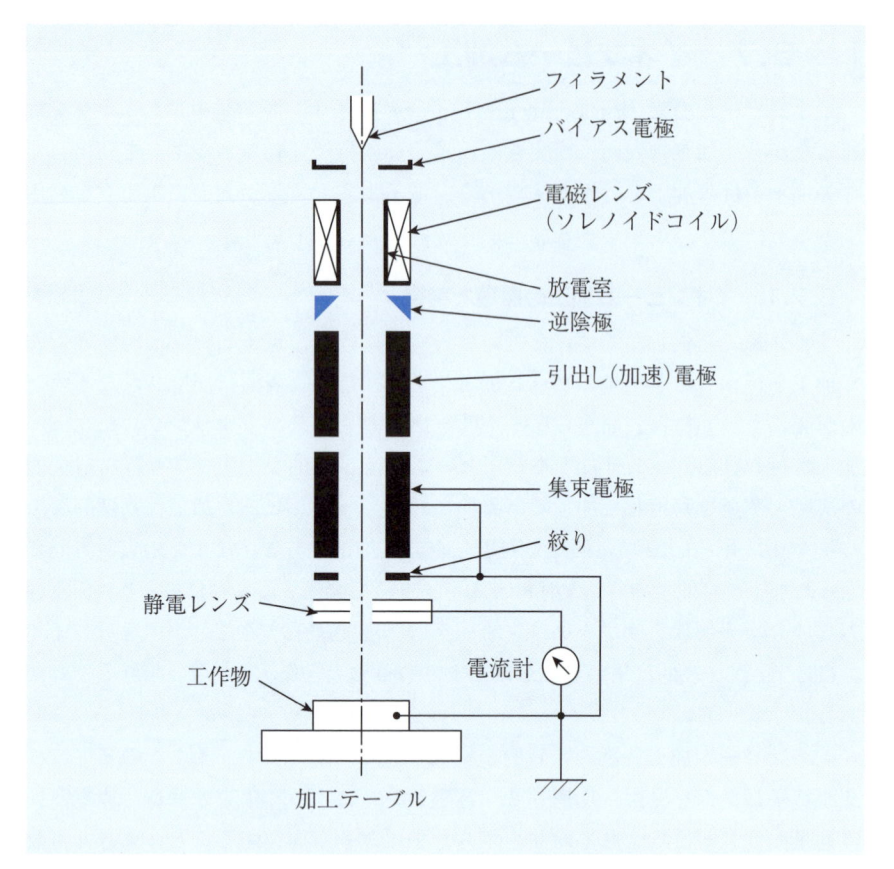

図6.17 イオンビーム加工装置の構成

イオンスパッタリング　イオンスパッタリング（ion sputtering）は，加工物表面に加速された高エネルギーのイオンを照射することで，原子衝突を引き起こし，表面の原子を真空中に叩き出す現象をいう．イオンスパッタリングによって，固体表面を除去加工できる他，表面の不純物原子や汚染層を削り取ることによって表面の清浄化を行うことも可能である．イオンスパッタリングには

① 物理的スパッタリング（**図6.18 (a)**）——イオンの物理的衝撃により，材料から原子を叩き出す

② 化学的スパッタリング（**同図 (b)**）——反応性イオンを試料にぶつけて，表面原子と化合物を生成して除去する

6.7 イオンビーム加工

(a) 物理的スパッタ　　(b) 化学的スパッタ　　(c) イオンアシストエッチング

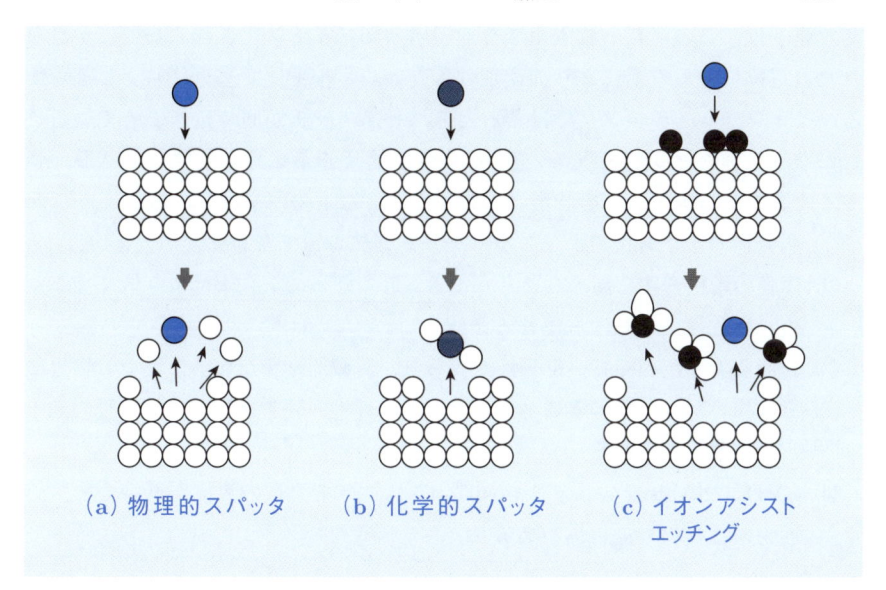

図6.18　イオンスパッタリング

③ **イオンアシストエッチング**（同図 (c)）——エッチャントに沈めた試料にイオンを衝突させ，表面原子を揮発させる

がある．

スパッタ蒸着とイオンプレーティング　イオンビームは除去加工や洗浄だけでなく，薄膜形成にも利用されている．

スパッタ蒸着は，Arなどの不活性ガスをイオン化してターゲットに衝突させ，スパッタリング現象によってターゲット材料の原子を蒸発させ，それを基板上に蒸着させる薄膜形成方法である（図6.19）．イオン発生源であるプラズマ中にターゲットと基板を配置し，発生したイオンをその場で利用する方法（プラズマ法）と，イオン源から引き出し電極によってイオンビームを引き出し，そこに置かれたターゲットにイオンを衝突させる方法（イオンビーム法）がある．

ターゲットをスパッタするのにイオンが用いられるスパッタ蒸着に対し，イオンをそのまま基板上に堆積させる方法が，**イオンプレーティング**（図6.20）である．イオンプレーティングでは，不活性ガス中に蒸発源と基板を設置し，基板に負の高電位をかけ，グロー放電を発生させる．蒸発源から蒸発して飛び出

した原子は，このグロー放電領域を通過する間にイオン化され，基板にかけられた負電位による電界により加速され，高いエネルギーで基板に射突し蒸着する．イオンプレーティングでは蒸着とスパッタエッチが同時に起こっていることになり，蒸着速度がスパッタ速度よりも大きくなるような条件を用いる．

イオンプレーティングの特徴は，以下のようなものが挙げられる．

① 蒸発物のイオン化およびスパッタリングによって密着強度が大きい．
② 薄膜の堆積密度を高めることができ，したがって気孔率はより低くなるため，耐食性，絶縁性も優れる．
③ 真空蒸着に比べて高い付着性が得られ，機械的性質が非常に異なる物質間でも高い密着性を得ることができ，耐摩耗性，硬さなど機械的性質の向上した被膜が得られる．
④ CVD（chemical vapor deposition）に比べて処理の温度が低いため，処理物の材質にも汎用性がある．

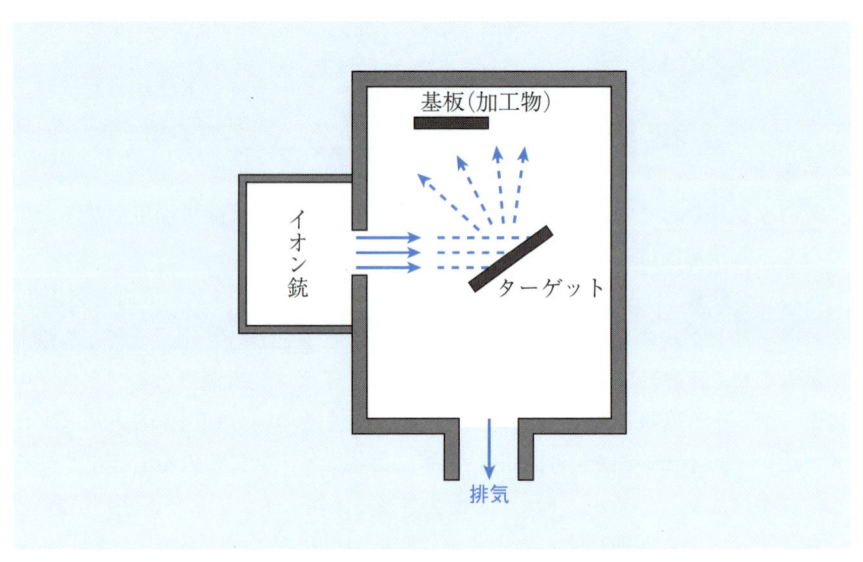

図6.19 スパッタ蒸着（イオンビーム法）

6.7 イオンビーム加工

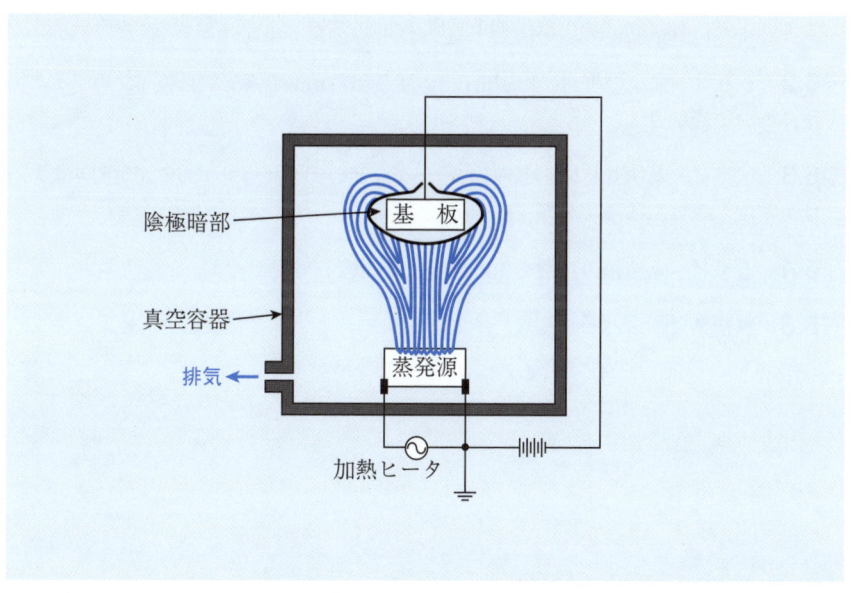

図6.20 イオンプレーティング

6章の問題

☐ **6.1** 放電加工と電解加工について，以下の観点でそれぞれの特徴を比較して説明せよ（工具，加工物，加工液，加工装置）．

☐ **6.2** シリコン基板の表面に幅 100 nm，深さ 200 nm の銅配線を施したい．その方法について説明せよ．

☐ **6.3** 電子ビーム加工とレーザ加工について，どのような用途があるか説明せよ．パワー密度の違いによって分類すること．

☐ **6.4** 電子ビーム溶接の特徴を他の溶接法と比較して説明せよ．

☐ **6.5** 真空蒸着，スパッタ蒸着，イオンプレーティングの特徴を説明せよ．

第7章

接　合

　二つ以上の材料を機械的または化学的な方法によって一つにつなぎ合わせる方法を接合という．接合では，ボルトを用いた簡易的な方法から，材料を溶融して接合する溶接など種々の方法がある．本章では，各種接合方法の原理と特徴について説明する．

7.1 接合の分類

接合の分類には様々なものがあるが，接合形態によって分類したものが**表7.1**である．接合は，機械的な作用による方法と化学的な作用による方法に大別される．機械的接合には，ボルト・ナット締結や焼ばめなどが代表的である．化学的接合には，材料を溶融させて接合する溶接や，接着剤を利用して接合する接着等に分類され，溶接はさらに融接，圧接，ろう接に分類される．

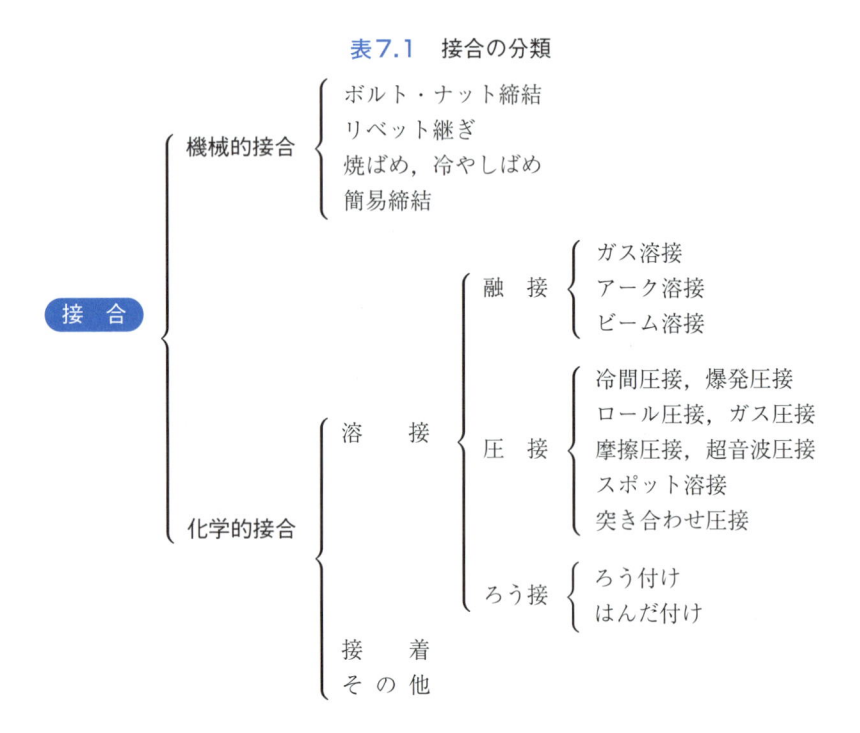

表7.1 接合の分類

- 接合
  - 機械的接合
    - ボルト・ナット締結
    - リベット継ぎ
    - 焼ばめ，冷やしばめ
    - 簡易締結
  - 化学的接合
    - 溶接
      - 融接
        - ガス溶接
        - アーク溶接
        - ビーム溶接
      - 圧接
        - 冷間圧接，爆発圧接
        - ロール圧接，ガス圧接
        - 摩擦圧接，超音波圧接
        - スポット溶接
        - 突き合わせ圧接
      - ろう接
        - ろう付け
        - はんだ付け
    - 接着
    - その他

7.2 機械的接合

機械的接合（mechanical joint）は，ボルト・ナットによる締結，焼ばめ・冷やしばめ，およびボタンなどによる簡易締結に分類される．この接合法は，各種建造物，機械構造物，その他一般機器類など極めて広い範囲で多用されている．ボルト・ナットによる締結（図7.1）では，部材に必ず穴あけが必要となり，また自動化しにくいという点がある．一方，特殊な装置を必要とせず，作業が容易であることから，古くから多方面で利用されている．また，接合の解除や再接合が容易であることや，材料の種類によらず接合できること，また溶接などと異なり加熱による部材の材質変化や熱変形の影響が少ないなどの利点がある．

焼ばめ・冷やしばめも，古くから車輪や円筒部品の接合に用いられている．一方の部材を温めて熱膨張させ，そこに他の部材を挿入した後，冷却して熱収縮させて接合させるのが焼ばめ（図7.2）である．反対に，挿入する部材を冷却して熱収縮させ，一方の部材に挿入してから常温に戻して接合する方法が冷やしばめである．

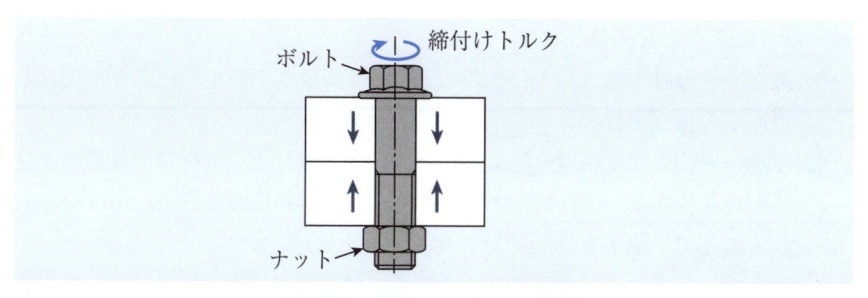

図7.1 ボルト・ナット締結

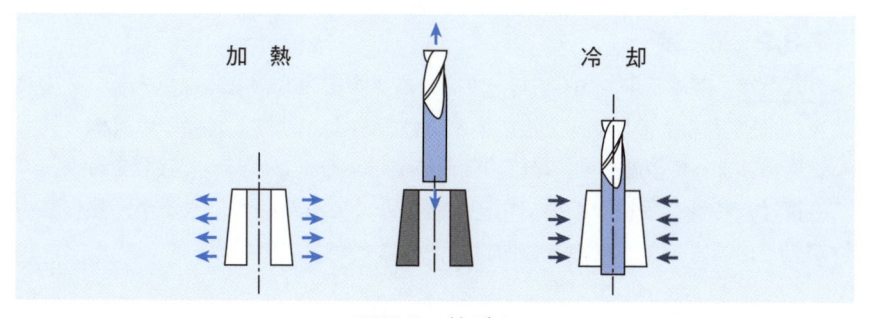

図7.2 焼ばめ

7.3 溶 接

同種または異種の二つの材料の接合部分を溶融して接合する方法，あるいは外部から溶けた材料を加え接合を行う方法を**溶接**（welding）という．一般的には金属と金属を溶融して接合する場合をいう．溶接法は大別すると，熱によって材料を融点以上に加熱して接合する**融接**（fusion welding），材料同士を加圧して接合する**圧接**（pressure welding），接合面の間にろうまたははんだなどの溶融した材料を用いて接合する**ろう接**（blazing）に分類される．

7.3.1 溶接の原理と分類

二つの金属材料を接合面で一体化するためには，それぞれの材料の原子が相互作用（金属結合）する距離まで接近させる必要がある．しかし，材料の表面には凹凸があり，また酸化皮膜や汚れなどの付着があるため，材料同士を単に接触させるだけでは，金属結合するのに必要な距離 0.1 nm まで原子を近付けることは難しい．そのため，二つの材料が接合に至るまで原子間距離を接近させるためには，接合面に対して外部からエネルギーを与える必要がある．それには，以下のような方法がある．

① 融接——母材を融点以上に加熱し，溶融することで原子の運動を活発にして原子の接近を得る．
② 圧接——接合面に圧力を加えることで，接合面付近で母材に塑性変形を生じ，接合させる．母材に対する圧力に加え，再結晶温度以上に母材を加熱することで，原子を相互拡散させ，結合を可能にする．
③ ろう接——母材より融点の低い金属を溶融させて接合面に供給し，溶融金属と母材に合金層を作ることで接合する．

7.3.2 融 接

<u>ガス溶接</u>　アセチレン（C_2H_2）ガスと酸素を混合した気体に点火し，その燃焼炎によって接合部の母材を溶融する方法である．母材と同種の金属棒を同じく燃焼炎によって溶融させ，母材の隙間に溶け込むことによって接合を行う．ガス溶接は，特殊な設備が不要で電源設備がなくても溶接ができるが，熱の集中性が悪く，エネルギー効率や作業性が悪いことが欠点である．

アーク溶接 アーク熱を利用して母材を溶融し接合を行う方法で，図7.3のように母材と溶接棒間に電圧を印加してアークを発生させて溶接を行う．アークは気体中の電極間を放電する現象であり，その温度は数千から数万℃と非常に高いため，アーク溶接ではこれを熱源として利用する．アーク溶接は設備が手軽で操作が簡単であるため，最も広く用いられている溶接法であり，母材の種類にあわせて種々の方法が開発されている．

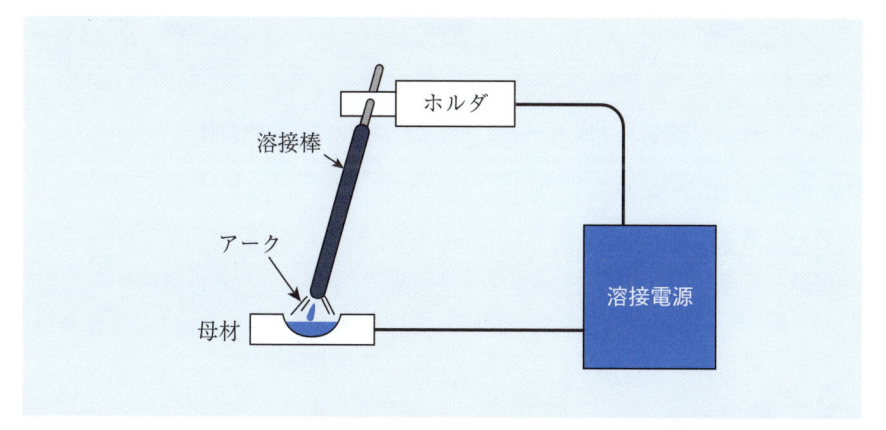

図7.3 アーク溶接

　一方，金属を大気中でアーク溶接すると，大気中の酸素や窒素が溶融した金属に混入してしまい，溶接部の機械的性質が劣化することに繋がるため，不活性（イナート）ガス雰囲気中で溶接を行う（**イナートガス溶接**）．イナートガス溶接では，溶接部には電極周囲よりアルゴンやヘリウムなどのイナートガスを吹き付け，大気と遮断する（図7.4）．イナートガス溶接には電極の種類や充填棒の挿入の有無によってタングステンイナートガス（tungsten inert gas：TIG）アーク溶接（**TIG溶接**）とメタルイナートガス（metal inert gas：MIG）アーク溶接（**MIG溶接**）がある．TIG溶接は，電極にタングステンまたは酸化物入りタングステンを用いる．これらの電極は融点が高くほとんど溶融しないため，側面から充填棒を挿入し，この充填棒と母材とが溶融して接合を行う．一方，MIG溶接は，溶接ワイヤとして電極線を用い，その先端と母材との間にアークを発生させ，両者を同時に溶融させて溶接する．これらの方法では，大気と反応し易い活性な金属（アルミ，銅，チタンなど）であっても溶接することができる．イナートガスは一般的に高価であるため，より安価な炭酸ガスを用い

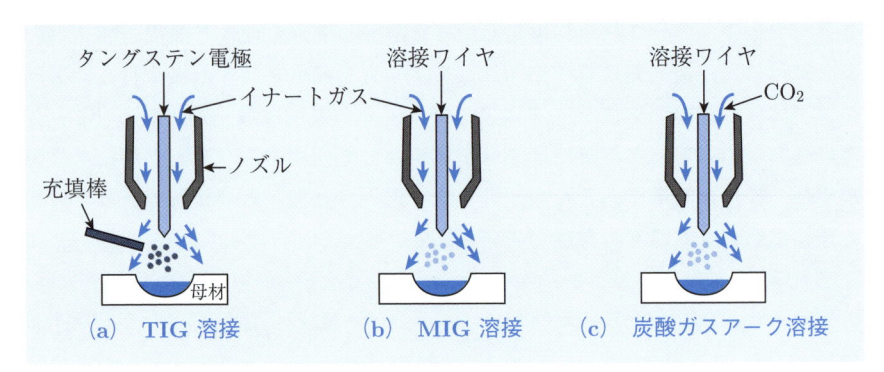

図7.4 イナートガス溶接と炭酸ガスアーク溶接

(a) TIG溶接　(b) MIG溶接　(c) 炭酸ガスアーク溶接

た炭酸ガスアーク溶接を行うことが多い．

ビーム溶接　電子やレーザをビーム状に絞り，母材へ照射することで，母材を溶融して溶接する方法である（第6章を参照）．電子ビーム溶接は，真空中で行われるため，融点が高く大気と反応し易い金属に適している．レーザ溶接は，真空室を必要とせず，電子ビーム溶接よりも設備が簡単になる．

7.3.3 圧　接

圧接とは，溶接の一つであり，二つの材料に圧力を加えて接合する方法をいう．正常な接合面同士に両者を接近するように強い力を加えると，材料の原子

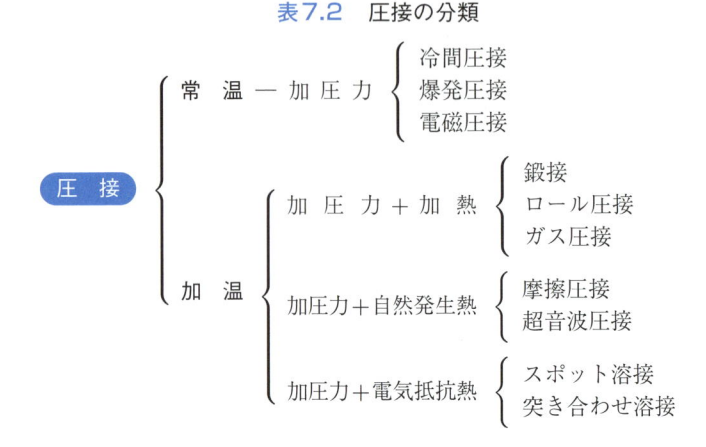

表7.2　圧接の分類

圧接			
常温—加圧力		冷間圧接 爆発圧接 電磁圧接	
加温	加圧力＋加熱	鍛接 ロール圧接 ガス圧接	
	加圧力＋自然発生熱	摩擦圧接 超音波圧接	
	加圧力＋電気抵抗熱	スポット溶接 突き合わせ溶接	

が近付き,相互作用が発生する.この相互作用によって接合を行う.圧接には高温(材料の再結晶温度以上)に加熱して行う熱間圧接と,それ以下で行う冷間圧接がある.また,接合に作用させるエネルギーによって表7.2 のように分類できる.

冷間圧接・爆発圧接 母材を加熱せず加圧力のみにより接合を行う方法に冷間圧接や爆発圧接などがある.

冷間圧接(常温圧接)は機械的加圧力のみを与え,母材の塑性変形を利用した接合方法である.圧接全般にいえることであるが,冷間圧接では加熱を行わない分,特に接合面の清浄性に配慮する必要がある.酸化皮膜や油脂,その他の汚れが接合面に付着していると,金属原子の十分な接近が得られず,接合強度の低下に繋がる.冷間圧接では特に加熱を必要とせず,比較的簡便な装置で圧接できる他,接合部に熱影響部などが生成しない.一方,大きな塑性変形により加工硬化を生じる点に注意が必要である.

爆発圧接は火薬の爆発により高エネルギーを利用した接合方法である(図7.5).従来の方法では接合が困難である高融点材料や異種材料などを接合することができる.一方,爆発による衝撃力のため脆性材料には割れが発生することがある.爆発圧接は特殊な装置は必要ないが,火薬を使用するため,安全性や騒音などには十分注意する必要がある.

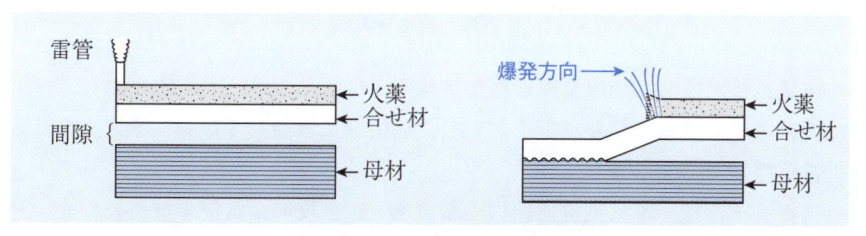

図7.5 爆発圧接の原理

ガス圧接 ガスによる炎で母材を直接加熱後,加圧して圧接を行う方法が**ガス圧接**である.母材を再結晶温度以上に加熱することで,接合部の金属原子が互いに拡散し,再結晶して接合される.ガスにはアセチレンと酸素を用いることが多い.大型の装置を必要としないことから,建築用の鉄筋の接合として,建築現場において採用されている.

摩擦圧接・超音波圧接　母材同士の摩擦や超音波振動により発生する熱および圧力を利用した圧接が**摩擦圧接**および**超音波圧接**である．摩擦圧接は二つの母材に圧力を与えながら，接触面で相対運動させ，摩擦熱を発生させる．母材の温度が高温に達すると運動を停止し，その後大きな圧力を加え接合を行う．摩擦圧接は金属だけでなく樹脂部品に対しても容易に接合できるため，種々の工業製品の製造工程において用いられている．超音波圧接は摩擦圧接と同様，摩擦熱と加圧によって圧接が行われるが，母材の片方に超音波振動を付与することで接合面に相対運動を与える（図7.6）．

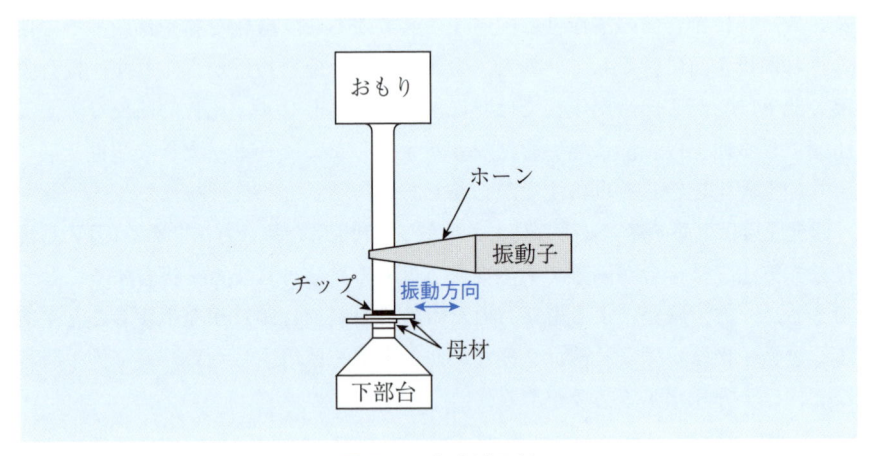

図7.6　超音波圧接

電気抵抗溶接　二つの金属母材の接触部を加圧しながら大電流を流し，電気抵抗によって材料が発熱（抵抗熱）し，局所的に溶融して接合する方法が**電気抵抗溶接**である．

スポット溶接　電気抵抗溶接の一つであり，2枚の金属板を重ね合わせ，その両側を棒状の電極で挟み，加圧しながら局所的に通電を行う．通電により発生した抵抗熱により母材が溶融状態となり，また電極からの加圧によって圧接される（図7.7）．スポット溶接は溶接時間が非常に短く，作業性が良いことから，自動車ボディの接合方法として広く利用されている．また，自動化し易く大量生産に適することや，母材のひずみが小さいことなどが利点である．その一方で，電極で材料を挟む必要があるため母材の形状や板厚などに制限がある

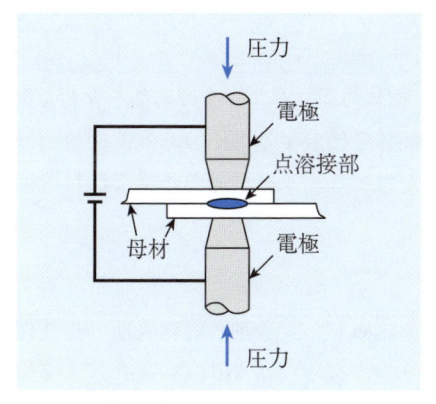

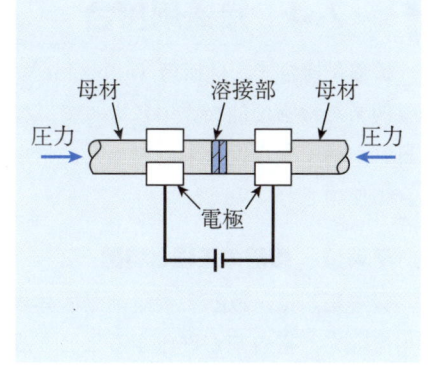

図7.7　スポット溶接　　　　図7.8　突き合わせ溶接

他，大電流を供給するための大型電源が必要となる．

突き合わせ溶接　スポット溶接が板材を挟んで溶接するのに対し，母材の端部を突き合わせ大電流を流し，加圧して接合する方法を**突き合わせ溶接**と呼ぶ（図7.8）．アプセット溶接またはバット溶接と呼ばれることもある．フラッシュバット溶接も突き合わせ溶接の一つであるが，ジュール熱だけでなく放電による熱を利用して接合を行う．突き合わせた材料に通電加熱することで，材料が溶融，飛散して材料間に隙間が生じるとアーク放電が起こる．このアーク放電による発熱を利用し，圧力を加えて接合を行う．この方法では，信頼性の高い製品を高い生産性で製造できるが，一般的に装置が大型で高価である．

7.3.4　ろ　う　接

母材よりも融点の低い金属を溶融し，母材の隙間に流し込むことで接合する方法を**ろう接**という．ろう材の融点が450°C以上のものを**ろう付け**（**硬ろう付け**）（brazing），450°C以下のものを**はんだ付け**（**軟ろう付け**）（soldering）と呼ぶ．

硬ろうには種々のものが利用されているが，代表的なものは銀ろうである．銀ろうの基本組成はAg-Cu-Znの3元系合金であり，その組合せによって使用温度の範囲が広く，汎用性が高いのが特徴である．軟ろう材（はんだ）の代表的なものはSn-Pb合金であり，組成を変えることで種々の融点を持つはんだが利用されている．はんだは電気器具の配線の接合に広く利用されている．

7.4 接着剤接合

接着剤接合または**接着**(adhesion)は，物体の間に存在する接着剤を介し，化学的または物理的な作用によって二つの物体を接合する方法である．接着剤は日常生活でも身近なものであり，日用品だけでなく工業製品の多様な部材の接合に使用されている．

7.4.1 接着の工程と特徴

接着工程は，液状の接着剤が固体表面を濡らし，接着剤と固体表面の相互作用を経て，接着剤が硬化することで成り立つ．接着剤により高い接合強度を得るためには，固体表面の接着剤に対する濡れが重要となる．そのため接着剤の塗布の前に，母材の表面を洗浄して，異物や防錆剤，油分，酸化物，残留離型剤などを除去し，必要に応じてプライマ（下地）を塗布するなどの処理が必要になる．次いで母材の表面に流動性を持った接着剤を，手作業または専用の設備によって面全体に塗布する．その後，接着剤を硬化させ，接合に必要な強度を得る．

接着剤と母材の界面では，接着剤の分子と母材の分子が十分に接近し，両者に相互作用が働くことで結合力が生じる．

接着のメカニズムには，機械的接合，物理的接合，化学的接合の三つが挙げられる（図7.9）．機械的接合とは，母材表面の穴や割れ目に接着剤が入り込み，そこで硬化することで接着が成り立つ結合で，これを**投錨効果**（アンカー効果）という（同図(a)）．物理的接合とは，分子間力（ファン・デル・ワールス力）に基づき，母材表面に対し接着剤の分子が吸着する現象による接合である（同図(b)）．化学的接合とは，水素結合や共有結合であり，最も強い接着力が期待される（同図(c)）．実際の接着では，機械的接合，物理的接合，化学的接合が複合的に働いている．接着では，様々な材料を比較的容易に接合できることが利点であるが，耐久性に劣ることや解体が困難であるなどの欠点もある．

7.4 接着剤接合

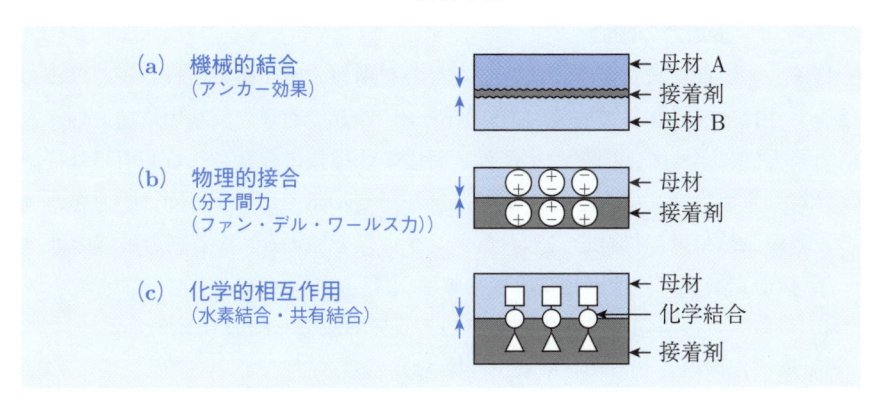

図7.9　接着のメカニズム

(a) 機械的結合
（アンカー効果）
← 母材 A
← 接着剤
← 母材 B

(b) 物理的接合
（分子間力）
（ファン・デル・ワールス力））
← 母材
← 接着剤

(c) 化学的相互作用
（水素結合・共有結合）
← 母材
← 化学結合
← 接着剤

7.4.2 接着剤

接着剤の硬化過程は，重合反応，溶媒の蒸発などがあり，表7.3のように分類される．また，硬化速度が極めて速い瞬間硬化型の接着剤など硬化過程に特長を有する接着剤や，導電性や耐熱性など硬化物に機能を付与した接着剤も利用されている．

表7.3　接着剤の硬化方法による分類

硬化方式	特徴
ホットメルト	熱で溶かして接着し，常温で固体に戻ることを利用する．
乾燥型	水分や溶剤の揮発により硬化する． 木工用ボンド，合成ゴム系接着剤などがこの分類に入る．
湿気硬化型	空気中の湿気と反応し硬化する．瞬間接着剤など．
2液反応硬化型	主剤と硬化剤を化学反応させて硬化する． エポキシ系接着剤などがこの分類に入る．
UV硬化型	UV（紫外線）を照射することで硬化する．
嫌気型	空気に触れている間は硬化せず，空気を遮断すると硬化する．
UV嫌気型	UVの届かない隙間は嫌気性として硬化し，空気に触れる部分はUVによって硬化する．

7.4.3　接着力の評価

接着力の評価には，実際に接合したものを剥がす破壊検査が行われる．この検査方法は JIS によって規定（JIS K6848）されており，試験片に加えられる応力の方向によって，引張，せん断，剥離の 3 種類に分類される．引張は接着面に対し垂直方向に応力を加えるのに対し，せん断では平行方向に応力をかける．剥離試験では，母材を引き剥がすように力を加える．接着剤の破壊では，

① 接着剤層内で破壊が起こる凝集破壊（図7.10 (a)）
② 接着剤と接着剤の界面で破壊が起こる界面破壊（同図 (b)）
③ 母材が破壊される母材破壊（同図 (c)）

に大別されるが，上記の三つの破壊が複合的に起こる場合もある．

(a) 接着剤層内での凝集破壊　――接着剤／母材

(b) 接着剤と母材の界面破壊

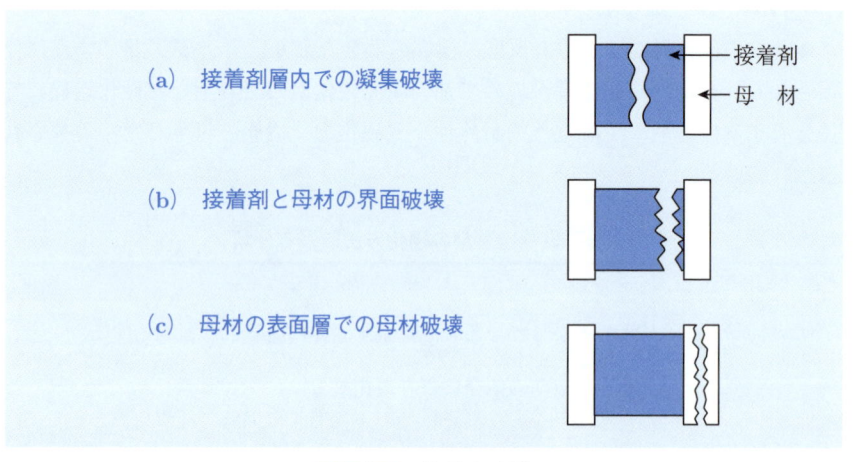

(c) 母材の表面層での母材破壊

図7.10　接着の破壊

● はんだの臭い ●

はんだ付けの作業中には，独特の臭いが発生する．その原因ははんだに含まれるフラックスである．フラックスは松ヤニ等で作られており，はんだと母材の接合力を改善する等の効果がある．筆者が幼少の頃，故障したテレビの修理に「街の電気屋さん」が度々自宅を訪れた．短時間で修理を終え，はんだの臭いを居間に残して自宅を去っていく電気屋さんの姿は，幼心に非常に頼もしく映った．

7.5 その他の接合方法

__助剤接合__　母材間に金属や酸化物，化合物などの助剤を塗布し，加熱することで接合する方法で，セラミックスと金属の接合やセラミックス同士の接合に利用されている．使用する助剤の種類によって，金属助剤接合，酸化物助剤接合，化合物助剤接合などに分類される．化合物助剤接合は，金属とセラミックスを接合する方法として利用されている．助剤として硫化銅を用いることで銅とアルミナの接合，炭酸銀を用いることで銅と酸化マグネシウム（マグネシア）の接合が可能である．またセラミックス同士の接合には，ハロゲン化物を助剤に用いた接合も開発されている．

__拡散反応接合（diffusion bonding）__　塑性変形を生じない程度の加圧力で接合面を接触させ，加熱することで母材の原子を互いに拡散させ接合を行う方法で，拡散接合とも呼ぶ．母材を溶融させずに接合するので，接合部に欠陥の発生がなく，変形量も少なくできる．

__ホットプレス（hot press）接合__　母材を加圧しながら加熱して，接合部の拡散焼結現象で接合する方法である．母材とほぼ同等の強度を持った接合が得られるが，高温での作業となり生産性が著しく悪いという欠点がある．

__熱間静水圧プレス（hot isostatic press：HIP）接合__　不活性ガスを圧力媒体とし，母材に対して静水圧を加えながら加熱して接合する方法であり，均質かつ緻密な接合が可能である．

7章の問題

- **7.1** 機械的接合の利点を説明せよ．
- **7.2** 融接，圧接，ろう接の差異について説明せよ．
- **7.3** スポット溶接の原理と特徴を説明せよ．
- **7.4** 接着剤の接着形態について説明せよ．
- **7.5** ホットプレス接合とHIP接合の特徴を比較して説明せよ．

第8章

洗　浄

　加工を施した製品の表面には何らかの汚れが付着している．汚れは製品の外観や安全性を損なうだけでなく，製品の機能性を悪化させることにもなる．本章では，汚れの分類と各種洗浄方法や洗浄剤について説明する．

8.1　洗浄の基本

　洗浄とは，洗い清めることをいい，汚れを母材（被洗浄物）から引き離し，かつ汚れを再度付着させない状態にすることである．洗浄の目的は目に見える汚れを取り除き，被洗浄物の外観を美しくかつ清潔にすることや，目に見えない汚れを取り除き，製品の機能性や品質，信頼性を向上させることである．しかし，洗浄は被洗浄物から完全に汚れを除去するわけではなく，全体的に汚れを薄めているのみである．洗浄には液体を用いる湿式洗浄と液体を用いない乾式洗浄がある．

　洗浄工程は大きく分けて，① 洗う，② すすぐ，③ 乾燥の3工程に分類される．

① 洗う——被洗浄物に付着している汚れを水，溶剤，薬品などの化学的な溶解作用と，超音波，噴流，ブラシ等による物理的作用を利用して被洗浄物から引き離す．
② すすぐ——洗う工程で使用した溶剤，薬品等を洗い流す．また洗う工程で残った汚れを除去する．リンスともいう．
③ 乾燥——すすぐ工程で使用した液を，蒸発させたり，吹き飛ばすことにより被洗浄物から取り除く．

　洗浄には，次の二つが挙げられる．

- 家庭用洗浄——家庭生活において衣類や食器などに付着した汚れを除去する
- 工業用洗浄——様々な製品の製造工程において付着した汚れを除去する

　両者の基本的な洗浄目的は同一であるが，家庭用洗浄では視覚や嗅覚による官能的な評価が行われる．それに対し，工業的洗浄では定量的な評価が実施されることが多く，より洗浄効果が高い手法が用いられている．また，目に見えない微小な粒子や，細菌など，人間の感覚外の汚れを対象とする場合には，通常の洗浄と対比して**精密洗浄**という．

8.2 汚れの分類

汚れは製品に付着している望まないもの・不必要なものであり，製品の種類や使用方法等によって洗浄の対象となる汚染物も変わってくる．つまり，同一の材質に同一の付着物があった場合，一方では汚れとして除去することが要求されるのに対し，他方では汚れと認識されずそのまま製品となることがある．それゆえ，被洗浄物に付着している汚れを正確に把握し，その汚れを効果的に洗浄する適切な洗浄方法・洗浄液を選択することが重要である．

汚れの分類には様々なものがあるが，汚染物質の形態による分類と，材質による分類とがあり，一般的に表8.1のようになる．形態による分類では，汚染物が被膜状（層状）であるか，粒子状であるかに大別される．被膜状汚れには，油分，樹脂，錆，酸化膜，水分，吸着物質などが挙げられる．一方，粒子状汚れは，研磨材，浮遊粒子などが代表的である．材質による分類では大きく分けて有機物と無機物があり，有機物汚れには油分，樹脂，皮脂などが，無機物汚れには金属，研磨材，酸化膜などが挙げられる．

洗浄を行う際には，まず製品に付着している汚れを同定する必要があり，種々の評価装置を用いて汚染の種類と濃度（付着量）が分析される．汚れの種類が同定されれば，それに応じた洗浄方法を選択することになるが，表面に付着した汚れが1種類であることはまれである．たとえば，粒子状汚れは単独で固体表面に付着しておらず，油性汚れがバインダ（結合剤）となりそれに粒子が付着していることが多い．それゆえに一つの洗浄工程で全ての汚染物を除去することができない場合があり，多段階の洗浄工程を経る場合がある．洗浄工程の後，再度汚れの評価を行い，規定値以下の汚染濃度になったことを確認し，次の工程へと製品が送られる．

表8.1 汚れの分類

形態による分類	材質による分類
皮膜状汚れ	有機物汚れ——油脂，離型剤，レジストなど
	無機物汚れ——酸化膜，錆，化合物被膜など
粒子状汚れ	有機物汚れ——浮遊粒子，ほこり，花粉など
	無機物汚れ——研磨材，磨耗粉，切削粉，砂粒など

8.3 各種洗浄方法

種々の洗浄方法を分類したものを表8.2に示す．液体を用いる**湿式洗浄**と液体を用いない**乾式洗浄**により分類できる．さらに湿式洗浄は洗浄液に浸漬するか否かによって**浸漬洗浄**と**非浸漬洗浄**に分類することもできる．浸漬洗浄は，被洗浄物全体を効率的に洗浄することができるが，一度分離した汚れが洗浄液に残留するため，これが再付着しないよう留意が必要である．

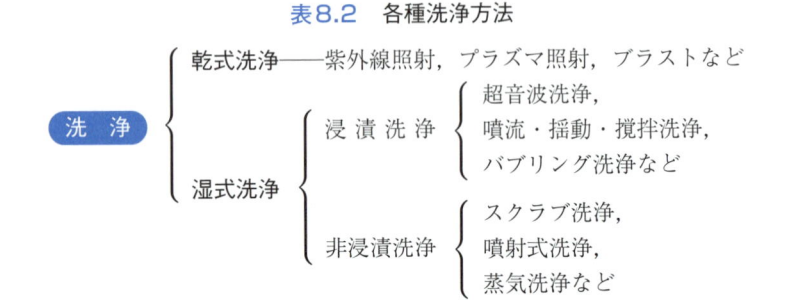

表8.2　各種洗浄方法

洗浄
- 乾式洗浄――紫外線照射，プラズマ照射，ブラストなど
- 湿式洗浄
    - 浸漬洗浄：超音波洗浄，噴流・揺動・撹拌洗浄，バブリング洗浄など
    - 非浸漬洗浄：スクラブ洗浄，噴射式洗浄，蒸気洗浄など

乾式洗浄　大気圧または真空雰囲気下において，紫外線や電子ビーム，プラズマ等により汚れにエネルギーを与えることで分解し，被洗浄物の表面から気化させる方法である．この洗浄方法は，家庭用洗浄で用いられることは少ないが，馴染み深いところでは医療器具向けの殺菌灯が挙げられる．また，砥粒加工の一種であるブラスト加工が乾式洗浄として用いられることもある．

湿式洗浄　家庭用，工業用洗浄の両者で多用されている洗浄方法である．この洗浄方法では，化学的に汚れを溶解する力と，物理的に汚れを剥離する力が寄与しており，両者を併用することで洗浄効果が高められている．表8.3は化学的な洗浄作用と物理的な洗浄作用の効果を示したものである．化学的洗浄作用は，酸・アルカリの効果で汚れを溶解したり，界面活性剤により汚れを剥離したりする作用がある．また，被洗浄物を酸・アルカリによってわずかにエッチングすることで母材ごと汚れを剥離する方法もある．物理的洗浄作用は，超音波や加圧，撹拌，摩擦などによって汚れを剥離する．物理的な力を用いる場合，その作用が被洗浄物の全体に渡るような工夫が必要となる．また，洗浄液には薬品が多用されることから，洗浄液への接触や吸引，引火による事故に留意する必要がある．

8.3 各種洗浄方法

表8.3 洗浄における化学的作用と物理的作用

化学的作用	溶解作用	水，溶剤
	界面活性作用	界面活性剤
	化学反応作用	酸・アルカリ，紫外線，プラズマ
物理的作用	熱	洗浄要素の反応促進，汚れの物性変化，被洗浄物の物性変化
	超音波	超音波によるキャビテーション，加速度，直進流による汚れの強力剥離.
	加圧	噴射エネルギーによる汚れの剥離を促進（シャワー，スプレー，ジェット）.
	撹拌（揺動・回転）	被洗浄物表面と新鮮な洗浄液の接触を促進するための撹拌，均一化による洗浄効果の向上，被洗浄物表面より汚れの剥離を機械的に促進．剥離した汚れを洗浄液中に分散・保持し，洗浄面への再付着を防止.
	減圧	減圧した液を細部に浸透させ，汚れを膨張させて除去.
	摩擦作用	ブラシ等でこすることで，汚れの剥離を促進.

8.3.1 超音波洗浄

超音波洗浄は，1945年頃から利用されている技術であり，洗浄液中において超音波振動を発生させ，この液中に被洗浄物を浸漬させることで洗浄を行う方法である．比較的簡易な装置ながら高い洗浄効果を上げることができ，汚れの再付着が少ないため，被洗浄物の材質や汚れの種類によらず様々な製品の洗浄に多用されている．超音波洗浄では20 kHzから1 MHz程度の周波数が使用されるが，超音波の周波数によって汚れの除去作用が異なる．表8.4に示すように15～50 kHz程度の低周波では**キャビテーション**を利用した強力な洗浄となるが，1 MHz前後の周波数（**メガソニック**）ではキャビテーションは発生せず，洗浄液の液体分子の加速度運動によって均一かつマイルドな洗浄効果が得られる．

キャビテーションとは，超音波の圧力振幅を静圧以上にすることで，液中に真空の空洞が発生し，それが消滅する際に水同士が激しくぶつかり合うため，非常に大きな衝撃的圧力が発生することである（図8.1）．キャビテーションによる洗浄のメカニズムは，図8.2に示すように，① キャビテーション消失時に生じる大きな衝撃的圧力により，汚れの一部が物理的に剥離，分散することで被洗浄物から離脱する．② キャビテーション現象により発生した気泡が，衝撃に

よって汚れの層と被洗浄物表面との間に浸透する．この気泡が音圧により収縮と膨張を繰り返すことで，汚れを剥離していく．③ 洗浄剤に汚れを溶解，あるいは乳化・分散させる作用があれば，キャビテーションはその化学的作用を著しく促進させ，洗浄液を撹拌する効果がある．

キャビテーションは強力な洗浄作用が得られるものの，同時に被洗浄物への衝撃的圧力も強くなるため，表面にダメージを発生させることに繋がる．そのため，半導体ウェーハなど精密な表面でかつ汚れが微小なもの対しては，メガソニックによる穏やかな洗浄が行われる．メガソニックではキャビテーションは発生しないため洗浄効果は大きくないが，液体分子に大きな振動加速度と直進流によって汚れを除去する．

超音波洗浄における洗浄液の液温は，$40 \sim 60°C$ 程度が最適とされている．洗浄液の温度が沸点付近になると，大きい気泡が発生し，その気泡によって超音波が減衰されるため，洗浄効果が悪くなる．

表8.4 超音波洗浄における周波数と洗浄作用

周波数	洗浄作用	洗浄対象
$15 \sim 50$ kHz（低周波）	キャビテーションによる洗浄	強力な汚れの除去
$100 \sim 500$ kHz（中周波）	キャビテーション + 液体分子の加速度運動	細かな汚れの除去
1 MHz（メガソニック）	液体分子の加速度運動	穏やかで均一な精密洗浄

● 酒の超音波熟成 ●

超音波の用途は洗浄や加工にとどまらず多岐にわたる．面白い用途の一つに酒のうまみ出しがある．真偽は定かではないが，船に揺られた酒はうまいとの言い伝えをヒントに，酒に超音波振動を加え熟成するという試みもあるようである．また，奄美地方の焼酎の中には，クラシック音楽を聴かせて熟成するものもある．実際に効果があるかは自分の舌で確かめてみる他ない．

8.3 各種洗浄方法

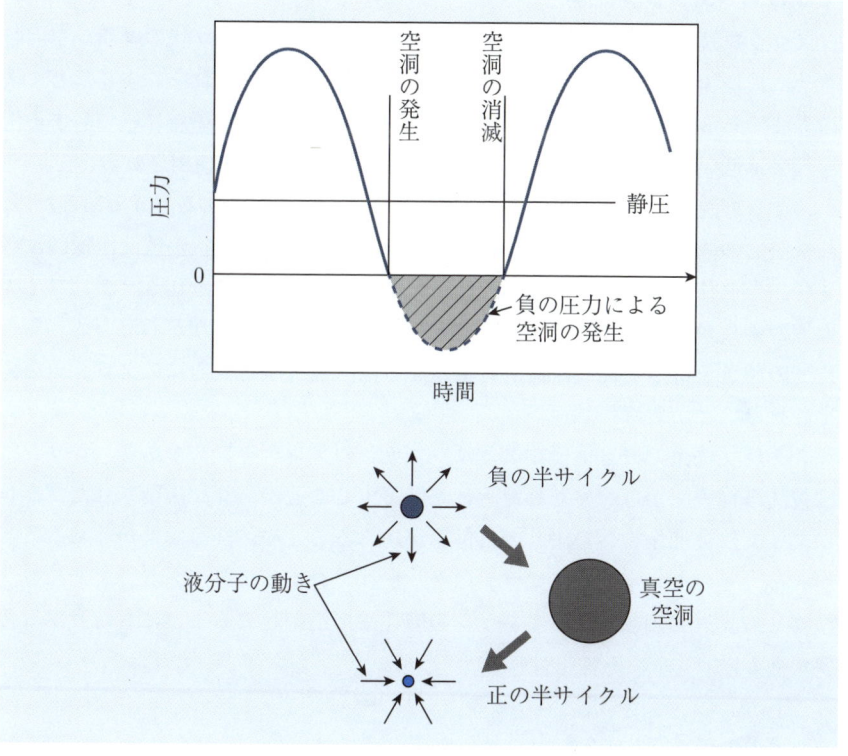

図8.1 キャビテーションの発生

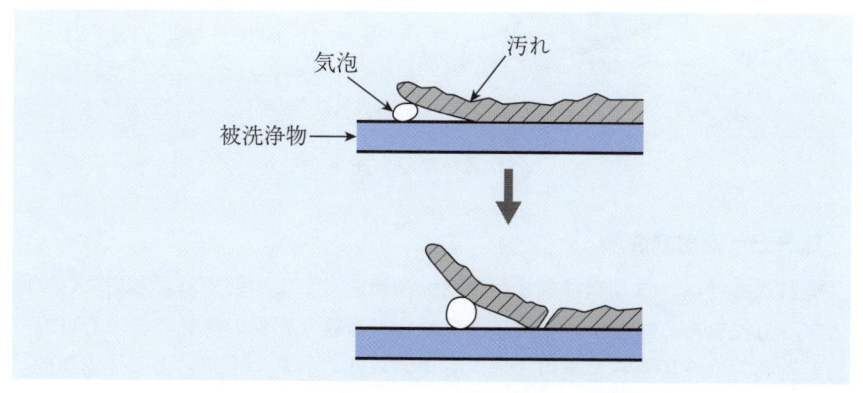

図8.2 キャビテーションによる汚れの除去機構

8.3.2 スクラブ洗浄

スクラブ洗浄（ブラシ洗浄）は，ロール状あるいはカップ状のブラシを回転させ，被洗浄物表面を擦過し，物理的な摩擦力によって汚れをこすり落とす洗浄方法である（図8.3）．大型の粒子の洗浄に適しており，微細粒子に対する洗浄効果は低い．ブラシの材質にはナイロンやモヘアなどが使用される．

スクラブ洗浄では，ブラシが被洗浄物表面を擦って洗浄する方式であるため，被洗浄物の隅などにはブラシが届きにくいため，複雑な形状の被洗浄物には適さず，半導体ウェーハなど基本的に平坦な製品の洗浄に限られる．またフィルム等の柔らかい被洗浄物はブラシの接触により破損のおそれがあるため，ある程度の硬さを持った被洗浄物が対象となる他，被洗浄物表面にスクラッチを発生させることがある．

スクラブ洗浄で最も重要なことは，ブラシのメンテナンスである．ブラシには被洗浄物表面から除去された汚れが付着することがあり，汚染されたブラシによって，被洗浄物への汚れの再付着が起こることや，洗浄効果が落ちることがある．そのため定期的にブラシはクリーニングする必要がある．また，被洗浄物との繰返し接触によってブラシの磨耗や損傷が起こることにも留意する必要がある．

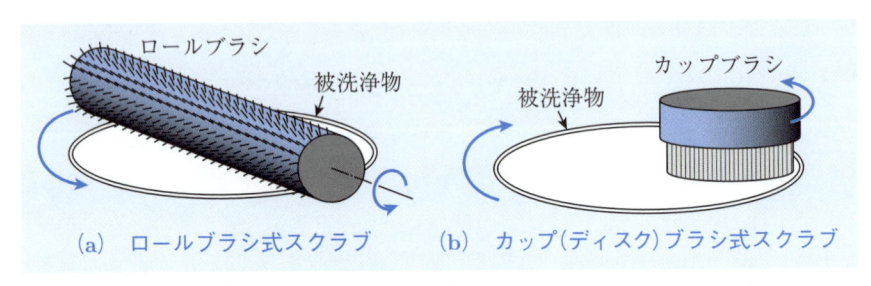

図8.3 ブラシ洗浄

8.3.3 噴射式洗浄

噴射式洗浄は，水または洗浄剤を被洗浄物に対して噴射することで汚れを除去する方法である．スクラブ洗浄とは異なり複雑な形状の部品の洗浄も可能であるため，家庭用から産業用まで広く用いられている．水圧によって物理的に汚れを剥離する効果と，洗浄剤による汚れの溶解作用が働くが，水圧が高くな

ると物理的な効果の割合が大きくなる．噴射圧力は $1.5 \sim 200\,\mathrm{kgf/cm^2}$ 程度であり，水圧の低い方から，**シャワー洗浄**，**スプレー洗浄**，**ジェット洗浄**と呼ばれる（**表8.5**）．

シャワー洗浄およびスプレー洗浄では噴射圧力が低く，物理的な汚れ除去作用が弱く，高い洗浄作用は望めない．そのため，すすぎに使用されるか，軽い汚れの洗浄に使用されるのが一般的である．

噴射圧力が $20\,\mathrm{kgf/cm^2}$ 以上のジェット洗浄では，物理的な汚れ除去作用が大きくなる．ジェット洗浄の中でも，$50 \sim 100\,\mathrm{kgf/cm^2}$ 程度の比較的低い圧力のものは，家庭用の高圧洗浄機として市販されており，洗車や建築物の外壁等の洗浄に使用されている．$100\,\mathrm{kgf/cm^2}$ を超える圧力になると，極めて高い洗浄作用が得られるものの，被洗浄物に対して損傷を与える可能性がある．さらに高い圧力（$2000\,\mathrm{kgf/cm^2}$ 以上）となると，もはや洗浄としては利用できず，ウォータジェット加工として，切断・穴あけ加工等に用いられる．また，水に種々の粒子を加えて噴射することで洗浄力を高めるウェットブラスト洗浄もあるが，被洗浄物表面への損傷が発生する他，添加した粒子が被洗浄物に付着し新たな汚れとなるなどの欠点がある．

噴射式洗浄では噴射圧力に関わらず，ノズルと被洗浄物までの距離が洗浄力に密接に影響することに留意が必要である．また，洗浄液の昇圧機構が必要であることから，一般的に噴射圧力を高くすると装置が大型になり，騒音が発生し易い．

表8.5　噴射式洗浄の分類

名称	圧力	洗浄対象
シャワー洗浄	$1.5 \sim 2.5\,\mathrm{kgf/cm^2}$	水道栓に接続した水圧程度で，すすぎに使用される．
スプレー洗浄	$\sim 20\,\mathrm{kgf/cm^2}$	業務用食器洗浄機等に利用される水圧程度で，軽い汚れが対象．
ジェット洗浄	$\sim 100\,\mathrm{kgf/cm^2}$	家庭用高圧洗浄器程度の圧力で，洗車や建物の外壁の洗浄に使用される．
	$150\,\mathrm{kgf/cm^2}$ 以上	非常に高い圧力で強い洗浄作用が得られるが，被洗浄物に損傷を与える可能性がある．

8.3.4 蒸気洗浄

蒸気洗浄には有機溶剤を用いる**溶剤蒸気洗浄**と，水蒸気を用いる**スチーム洗浄**がある．溶剤蒸気洗浄は主に工業的に利用されるが，スチーム洗浄は工業用，家庭用の両方で使用されている．

<u>溶剤蒸気洗浄</u>　蒸気層内において被洗浄物に溶剤蒸気を当てることで，蒸気が被洗浄物表面で凝縮し，液化した溶剤が汚れを溶解し，被洗浄物の下に伝わって流れ落ちる（図8.4）．溶剤蒸気には不純物が含まれておらず，蒸留により精製した溶剤によって洗浄するのと同様の効果があるため精密な洗浄が可能になる．その後，被洗浄物を蒸気外に移動させ，加熱することで，表面に付着した溶剤が蒸発し乾燥される．溶剤には揮発性の高いものが用いられるが，引火性のある溶剤の場合には，防爆設備が必要となる．

<u>スチーム洗浄</u>　100°C 以上の高温に加熱した水蒸気によって被洗浄物に噴射することで洗浄を行う．高温の水蒸気によって汚れが溶解，軟化することで被洗浄物表面への付着力を弱め，蒸気の噴霧圧力やブラシによる擦過などの物理的な作用を併用することで汚れを剥離する．基本的には洗浄剤を用いず水のみで高い洗浄効果が得られ，環境負荷が小さく，取扱いも容易である．このため，工業的に利用されるだけでなく，家庭用の洗浄機も市販されている．

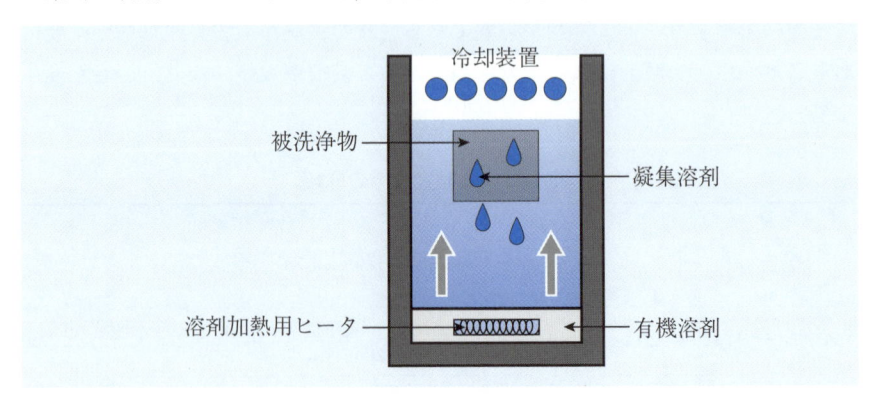

図8.4　溶剤蒸気洗浄

8.3.5 その他の洗浄方法

上記で述べた以外にも種々の洗浄方法が開発されている．

湿式洗浄として，液体の流れを利用した洗浄があり，**噴流洗浄，揺動・回転洗浄，撹拌洗浄，バブリング洗浄**などが挙げられる．いずれも浸漬洗浄であり，液体と被洗浄物に相対速度を与えて洗浄する方法である．洗浄液に流れを与えるものが噴流洗浄，撹拌洗浄，バブリング洗浄であり，被洗浄物を動かすものが揺動・回転洗浄である．それぞれの特徴を表8.6ならびに図8.5にまとめる．

表8.6 液体の流れを利用した洗浄方法の特徴

名　称	特　徴
噴流洗浄	洗浄液に浸漬した被洗浄物に対し，ポンプによって液流を生成して被洗浄物に噴射する．速い流れの衝突によって効果的に洗浄を行う．洗浄液の泡立ちに留意が必要である．
揺動・回転洗浄	被洗浄物を適切なかごに入れ，洗浄液に浸漬しながら，かごを上下または左右に揺動させる，あるいは回転させることで洗浄液と被洗浄物に相対運動を与えて汚れを除去する．
撹拌洗浄	洗浄槽内に設置した振動板を機械的振動させることで，洗浄液を撹拌する．被洗浄物の形状によらず均一に洗浄できる．
バブリング洗浄	洗浄液中に気体を噴出させ，多数の気泡が液中上昇することで，洗浄液の撹拌を行う．洗浄物表面の気泡の付着に注意する．

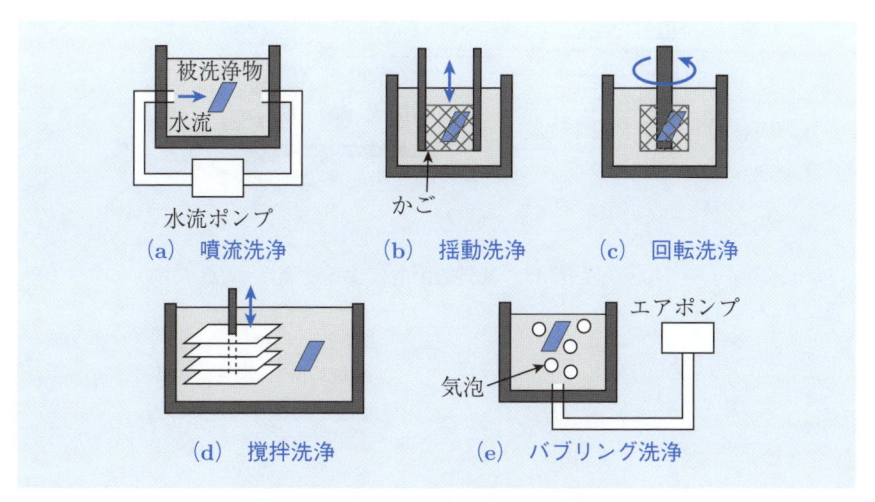

図8.5 液体の流れを利用した洗浄方法

また，乾式洗浄として，光やプラズマを利用した洗浄方法が挙げられる．

光によって洗浄する方法では，水銀灯などから発生された紫外光が大気中の酸素分子からオゾンを発生させ，このオゾンによって有機物の汚れを分解，揮発させる（図8.6）．細菌や微生物を分解する効果もあるため，医療器具など衛生面が重要となる部品に多用されている．

プラズマ洗浄は高周波電源を用いてグロー放電させたプラズマによって被洗浄物を処理することで，汚れを除去する方法である．プラズマ中には高エネルギーのイオンや電子，ラジカル等が存在しており，これらの活性な反応種が汚れと化学反応することで，汚れを分解し表面から除去する．また，高エネルギー状態のイオンや電子が電場によって加速され被洗浄物に衝突（スパッタリング）することで，物理的に汚れが除去される．

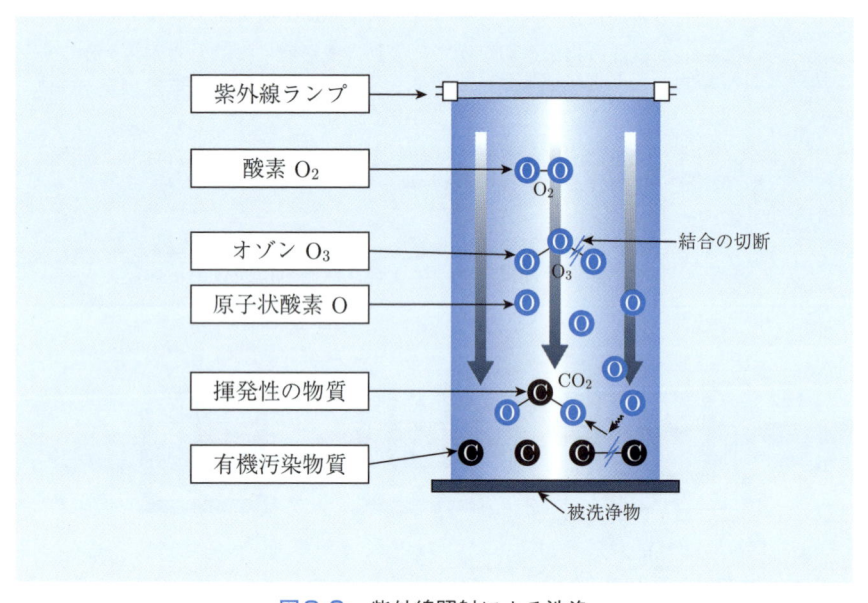

図8.6　紫外線照射による洗浄

8.4 洗浄剤

洗浄剤は洗浄方法と並んで洗浄効果を決定する重要な要素の一つである．被洗浄物の材質，汚れの種類や程度，要求される品質などに応じて適切な洗浄剤を選択する必要がある．洗浄剤は，成分の違いによって水系洗浄剤，非水系洗浄剤，準水系洗浄剤に分類される．

8.4.1 水系洗浄剤

水系洗浄剤は，液のpHによって酸性洗浄剤，中性洗浄剤，アルカリ洗浄剤に分けられる．水系洗浄剤は乾燥速度が遅いことや脱脂作用に乏しく，非水系洗浄剤に比べて欠点もあるが，安価ですすぎが容易であること，また引火の危険がないことから，最も使用される洗浄剤である．

粒子汚れの洗浄機構 8.2節で述べたように，粒子汚れは単独で存在していることはまれであり，油分など他の汚れと複合的な汚れを形成していることが多い．そのため洗浄液の化学的な作用に加え，物理的な作用を併用して洗浄される．また，一度被洗浄物表面から脱離した粒子汚れの再付着を防止することが重要である．図8.7に示すように，粒子は液体中において正または負の電荷を持たせることで，粒子間に電気的な反発力が生じ，安定的に分散することができる．しかし，電荷が小さくなると粒子が凝集し，被洗浄物に再付着し易くなる．そこで洗浄液に**界面活性剤**を添加したり，pHを調整したりすることで，粒子表面の電荷を大きくし再付着を防止することができる．

油性汚れの洗浄機構 油性汚れは水のみでは溶解させることができないため，界面活性剤を添加することで油性汚れに対する洗浄作用を強化している．界面活性剤は水となじみ易い親水性の部分（**親水基**）と油となじみ易い疎水（親油）性の部分（**疎水基**）で構成されている．図8.8に示すように，界面活性剤による油性汚れの除去機構は，以下のようになる．

① 界面活性剤の疎水基が油性汚れに吸着する．
② 油性汚れと被洗浄物表面との間に界面活性剤が浸透する．
③ 界面活性剤が吸着した汚れが，洗浄液中に乳化または可溶化して分散する．
④ 被洗浄物表面にも界面活性剤が吸着し，油性汚れの再付着が防止される．

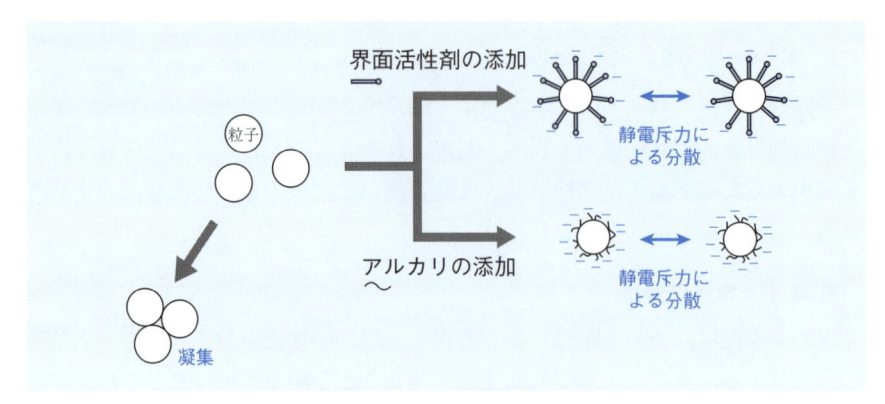

図8.7　粒子汚れの洗浄機構

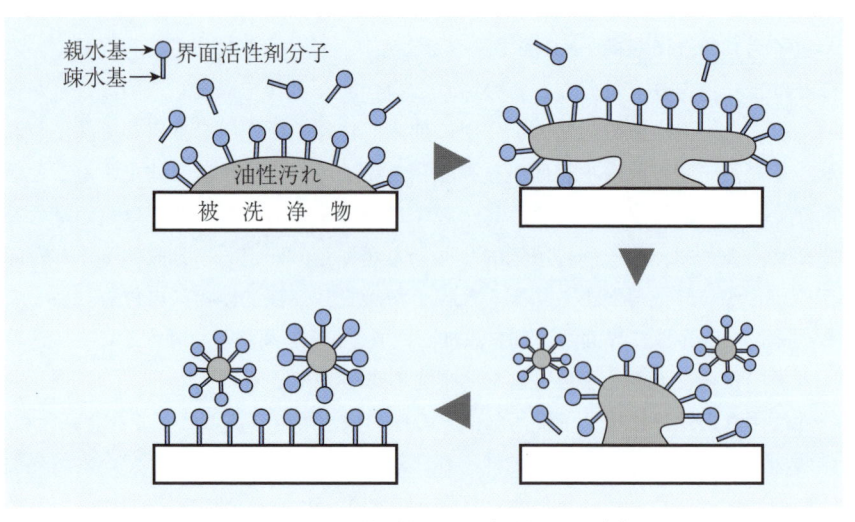

図8.8　界面活性剤による油性汚れの除去

酸性洗浄剤　無機酸や有機酸，界面活性剤，防錆剤等で構成される洗浄剤である．無機酸としては硫酸，塩酸，リン酸等が一般的に用いられているが，半導体シリコンの洗浄にはフッ化水素酸（フッ酸）が多用されている．有機酸にはクエン酸，スルファミン酸などが使用される．酸性洗浄剤は，強力な化学作用により金属表面の錆や酸化膜，スケールの洗浄に適している．しかし，酸性洗浄剤には腐食性の高いものがあり，被洗浄物の材質によっては，腐食されることがある．そのため腐食を防止する防錆剤が使用されることがある．また，酸

性洗浄液の使用時は，人体に直接触れないように注意する他，有害ガスや金属との反応による水素ガスの発生があることから，安全性に対する配慮が必要である．

アルカリ洗浄剤　アルカリビルダと界面活性剤を主成分とする洗浄剤である．ビルダとは界面活性剤の効果を促進し洗浄力を高める成分のことである．ビルダ成分には NaOH や KOH などの無機アルカリ，アルカノールアミンや有機キレート剤などの有機アルカリが使用される．比較的安価であることから，アルカリに対して耐食性のある鉄やステンレスなどの鋼板や伸線などに対して，大量の洗浄剤が必要な際に用いられる．

中性洗浄剤　界面活性剤を主成分とした洗浄剤であり，ビルダやキレート剤等が添加されている．界面活性剤の効果によって油性汚れの洗浄に適している．中性であることから，金属を腐食することがなく，また安全で取扱いが容易である．主に，精密部品やアルミ等の非鉄金属，光学レンズ等の洗浄に使用される．

8.4.2　非水系洗浄剤

非水系洗浄剤は水ではなく有機溶剤を用いる洗浄剤である．炭化水素系，アルコール系，塩素系，フッ素系などの洗浄剤に分類される他，可燃性か不燃性かによって分類することもできる．非水系洗浄は，衣類のドライクリーニングや電子部品の洗浄など，水が使用できない場合に使用される．また，水系洗浄剤に比べて油性汚れに対して強力な洗浄作用を発揮する．

8.4.3　準水系洗浄剤

準水系洗浄剤は有機溶剤を用いるが，① 有機溶剤による洗浄後に水ですすぐ場合と，② 溶剤に少量の水を配合した洗浄剤を用いる場合とがある．①を可燃物型準水系洗浄剤といい，有機溶剤に界面活性剤等を添加することで，水によるすすぎを可能にしたものである．②は非可燃物型準水系洗浄剤と呼ぶ．これは有機溶剤に対し，少量の水を添加することで引火性をなくすことができ，消防法上で非可燃物として扱うことができる．そのため取扱いが容易になり，設備も簡略化することができる．一方，水を混合するため，油性汚れに対する洗浄作用は非水系洗浄剤に劣る．

8.5 乾　燥

洗浄における最終工程が**乾燥**である．乾燥は洗う工程およびすすぐ工程で使用される溶剤や水などの液体を被洗浄物から取り除く工程である．乾燥の方法には液体を

① 気化させて取り除く
② 物理化学的に取り除く
③ その組合せ

に分類できる（図8.9）．

種々の乾燥方法の中から，被洗浄物の材質，形状，付着している液体の沸点，引火点などの特性により最適な方法を選択する．

気化による乾燥方法　被洗浄物や周囲の空気を加熱すること，または乾燥室を減圧することで，液体を蒸発させて乾燥させる（同図 (a)）．比較的簡便な装置で乾燥させることができるが，被洗浄物から除去された汚れが液体に残っており，これを気化によって乾燥させると被洗浄物に再付着することがある．また，加熱による気化の場合，加熱ヒータが多大な電力を消費することからランニングコストが高くなる．

物理化学的な乾燥方法

① 圧縮空気の噴射や被洗浄物の回転運動などによって液体を振り飛ばす方法（同図 (b)）
② 付着している液体をより乾き易い溶剤などに置き換えて乾燥させる方法（同図 (c)）
③ 液体の表面張力を利用し，被洗浄物から液体を引き離す方法（同図 (d)）

などがある（表8.7）．

8.5 乾燥

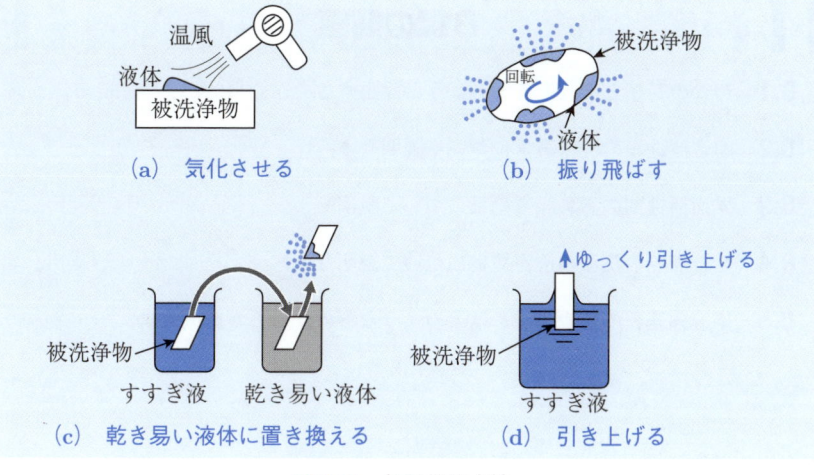

(a) 気化させる — 温風／液体／被洗浄物

(b) 振り飛ばす — 回転／被洗浄物／液体

(c) 乾き易い液体に置き換える — 被洗浄物／すすぎ液／乾き易い液体

(d) 引き上げる — ゆっくり引き上げる／被洗浄物／すすぎ液

図8.9　各種乾燥方法

表8.7　気化による乾燥方法の特徴

乾燥方法	特　徴
温風乾燥	電気ヒータやスチームヒータ等で加熱された空気を被洗浄物に吹き付け，付着している洗浄剤や水を気化乾燥させる．
輻射熱乾燥	電気加熱による遠赤外線ヒータ等を用いて輻射熱や分子運動による乾燥を行う．
減圧乾燥	乾燥室を真空引きすることにより付着している液体の沸点を下げ乾燥速度を速めたり，薄物の被洗浄物の間や止まり穴に入り込んだ液体の乾燥促進に用いられる．
エアブロー乾燥	高速・高圧の空気または窒素ガス等を吹きつけることにより被洗浄物に付着している液体を吹き飛ばして乾燥させる．
遠心・振動方式乾燥	被洗浄物を回転または振動させ，遠心力や物理的な振動によって液体を分離して乾燥させる．複雑形状には適さない．
水分離乾燥	純水等ですすいだ被洗浄物を有機溶剤等の乾燥し易い溶剤に浸漬し，水と溶剤を置換・分離した後，その溶剤を乾燥させる．
ベーパ（蒸気）乾燥	乾燥用の溶剤の蒸気中に被洗浄物を入れ，洗浄物表面で溶剤が凝縮し，洗浄に使用した液を洗い流す．被洗浄物が温まると蒸気の凝縮が止まり，乾燥される．
低速引き上げ乾燥	すすぎ液から被洗浄物を低速で引き上げ，表面に残った液体を表面張力によってすすぎ液自体に吸い取らせて乾燥させる．

8章の問題

- **8.1** 汚れの種類とそれぞれどのように除去するのが効果的かを説明せよ．
- **8.2** 超音波洗浄の洗浄機構について説明せよ．
- **8.3** 界面活性剤の汚れ除去効果について説明せよ．
- **8.4** 紫外線照射洗浄の洗浄機構について説明せよ．
- **8.5** 半導体基板の乾燥方法にはどのようなものがあるか説明せよ．

第9章

生産システム

　生産に関わる物の流れや情報の流れを管理し，生産の効率化や省力化を図るシステムのことを生産システムという．製品は原料を入手して消費者にわたるまでには，多数の工程を経るため，効率的な生産には設備のレイアウトや製品の流れを最適化して管理する必要がある．本章では，生産の様々な形態や，生産の情報化技術などを説明する．

9.1 生産の歴史

　人類の生産活動は古代から行われているが，その時代では個人が狩猟用の道具などを自分自身のために作り，経済活動のための生産ではなかった．時代の変遷に伴い，個人での作業からグループでの生産活動に移り変わり，生産場所の形成や工程の分業化・専門化が進み，職業としてのものづくりが中心となった．さらに生産規模が拡大すると，人／資源／業務を管理して，計画に基づいた生産が行われるようになった．

　人類の生産活動に最初に大きな変革をもたらしたのが**産業革命**である．それまでの人力による生産から，機械による生産へと移り変わり，生産の効率化や省力化が進んだ．1900年代に入ると，ヘンリーフォードが自動車（T型フォード）の生産においてフォードシステムと呼ばれる画期的な生産システムを開発した．これはベルトコンベアを使用した流れ型の大量生産方式である．フォードシステムによって，工程／作業／部品の標準化，規格化が徹底して推進され，熟練した技能がなくても生産が成り立つこととなり，同社を大きな成長に導いた．

　1950年代になるとコンピュータが生産に導入され，生産システムは第2の変革を遂げた．コンピュータを導入した数値制御（NC）工作機械が開発されたことを契機に，生産の自動化が進み，従来の大量生産方式から，多品種中・少量生産方式へと転換した．さらにコンピュータによる情報化技術を基盤として，**CAD/CAM**（computer aided design / manufacturing）システムや**FMS**（flexible manufacturing system）などが開発され，生産の高能率化，フレキシブル化，無人化などがますます進んだ．

　1980年代になると，消費者の要求がより一層多様化されるようになったことから，多品種生産の必要が高まり，高度な自動生産システムが導入されるようになる．

　現在では，地球環境に関する関心の高まりから，省資源・省エネルギー化を念頭においた，環境調和型の生産システムの導入が推し進められている．

9.2 生産システムとは

　生産システムとは，企業における製品の設計，計画，加工，管理および販売などの一連の活動を行うための組織体系のことである．

　構造的な意味での生産システムは，工作機械，治工具，運搬設備，材料，作業者などを連結した集合体であり，工場内のレイアウト（図9.1）や工場そのものの立地を考慮し，市場の需要に応じた製品を効率良く生産する配置を検討するものである．

　生産システムは工場内のレイアウトのみならず，生産活動全体を管理（マネジメント）する体系でもある．生産のマネジメントでは次のことなどが行われる．

① 生産計画——生産物の数量と種類を決定する．
② 工程計画——素材を製品に変換する際のものの流れを決定する．
③ 日程計画——生産工程の日程的なスケジュールを決定する．
④ 工程管理——生産の進捗状況の監視と修正を行う．

　製品が消費者に届けられるまでには，素材を購入し，加工を行い，一部は在庫として倉庫に収められ，製品は流通段階を経て商品として販売される．この素材供給業者（サプライヤ）から消費者までの，生産・販売・物流の一連の生産活動の流れを一つの鎖（チェーン）と捉えて**サプライチェーン**と呼び，これをIT技術を駆使して全体を最適に管理することを**サプライチェーンマネジメント**（supply chain management：SCM）と呼ぶ（図9.2）．SCMでは，最適なときに最適な量だけを生産・供給することで，過剰在庫や機会損失を減らして，経営の効率化を図る．SCMでは，一つの企業だけでなく，複数の企業や部署が関わっており，情報システムによって情報を共有し，需要変動などに素早く対応することができる．

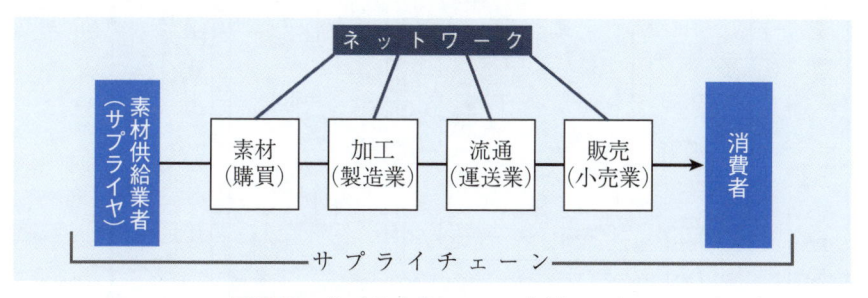

図9.2　サプライチェーンマネジメント

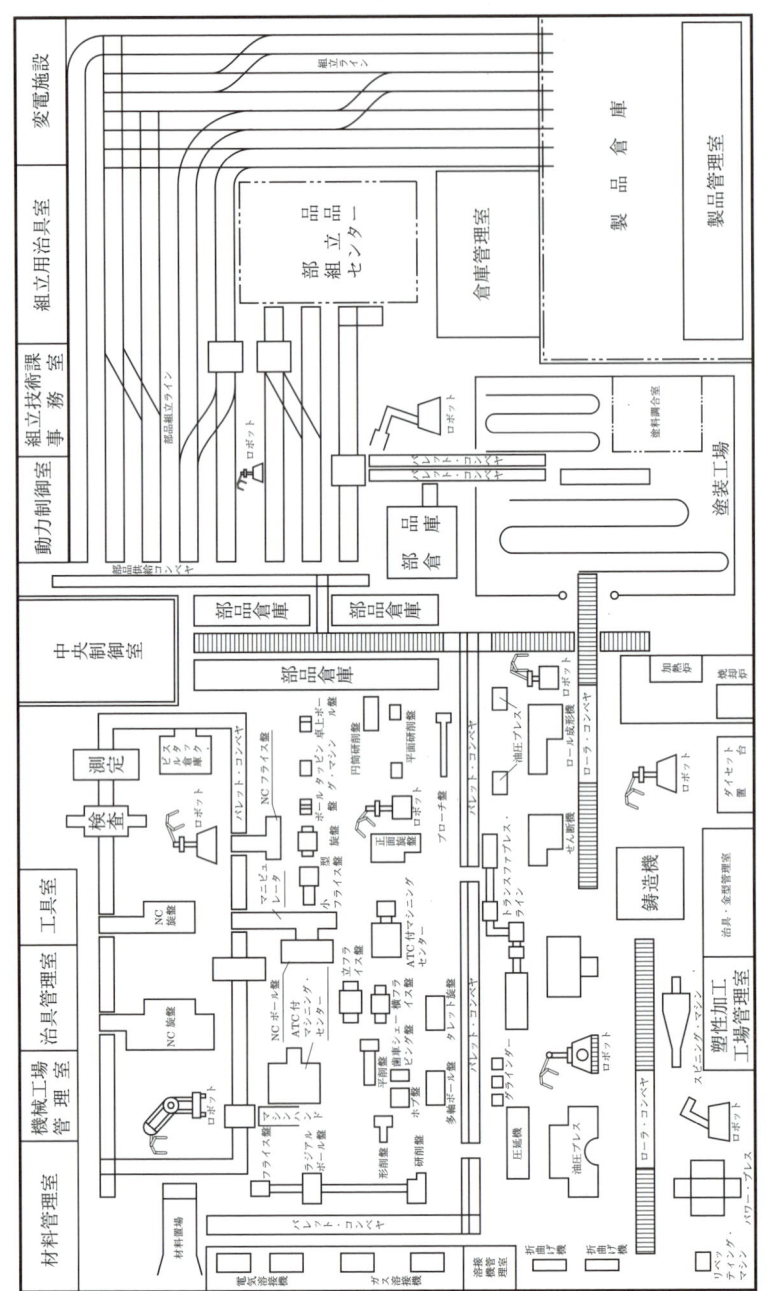

図9.1 生産システムの構造

[出典：人見勝人著「入門編 生産システム工学（第4版）」, p.32, 共立出版, 2009年]

9.3 生産形態

9.3.1 生産形態の分類

生産は，生産する量や品種によって様々な形態に分類される．それには生産時期，生産品種や生産量，設備レイアウトなどの観点から適切な生産形態を選択する必要がある．

<u>生産時期による分類</u>　製品を顧客に販売する時期に対して，どの時点で生産を行うかによって二つの分類がある．一つは見込み生産であり，もう一つは受注生産である．見込み生産とは，製品の需要や顧客からの注文数を予想して，製品を生産することである．それに対して受注生産とは，個々の注文を受けてから製品を生産することである．一般的に，見込み生産は受注生産より，生産後販売までの時間が長くなり，販売されるまでは在庫として保管する必要がある．また，製品需要の予想と実際の販売数が異なれば，過剰在庫を抱えることとなり，逆に製品の供給不足に繋がることにもなる．一方，受注生産では，販売数が確約されているため，基本的に在庫は存在しないが，注文を受けてから納品するまでに時間がかかることになる．そこで近年では部品のみをあらかじめ生産しておき，顧客の注文が確定してから，最終製品の組み立てを行う **BTO**（build to order）生産が増えている．この方式は自動車の生産等で取り入れられており，車体の色や仕様など，顧客の細かい希望に対応しながら，納品までの時間を短縮することが可能となる．それぞれの特徴を表9.1にまとめる．

<u>生産量と生産品種による分類</u>　製品の生産品種と生産量によって四つの生産形態に分類することもできる（表9.2）．少ない品種で大量に生産する場合は，

表9.1　生産時期による生産の分類

種類	生産時期	在庫	特徴
見込み生産	受注前	あり	受注前に生産を行うため，納品までの時間は短いが顧客の要望への対応が困難である．
受注生産	受注後	なし	顧客の要望をほぼ全て満足することができるが，納品までに時間がかかる．
BTO生産	部品：受注前 最終製品：受注後	部品のみあり	顧客の要望にできるだけ対応しながら，受注生産より納品までの時間を短縮することができる．

長期間継続して生産する連続生産によって，効率的な生産を行う．それに対し，多品種を少量ずつ生産する場合は，段取りの時間を短くできる個別生産（ジョブショップ）が適している．中品種中量生産は間欠生産といい，できるだけ同じ製品をまとめて生産する．少ない品種の製品を少量作る場合は，一品生産と呼ばれる．

表9.2 生産品種と生産量による生産の分類

生産量＼生産品種	少 種	中 種	多 種
大 量	連続生産	—	—
中 量	—	間欠生産	—
少 量	一品生産	—	個別生産

9.3.2 生産システムの位置付け

生産システムは，どの程度効率良く生産できるかという生産性と，どの程度の種類に対応して生産できるかという柔軟性とによって決定される．図9.3 に示すように，ロットの大きい大量生産で生産性が最も要求される場合は，トランスファライン（transfer line：TL）が適している．一方，ジョブショップで多品種を少量で生産するには，マシニングセンタなど汎用性の高いNC工作機械

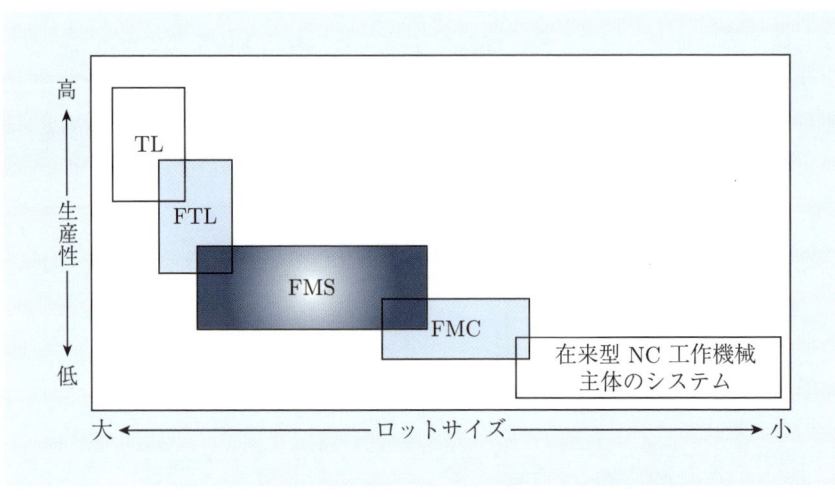

図9.3 生産性と柔軟性による生産システムの位置付け

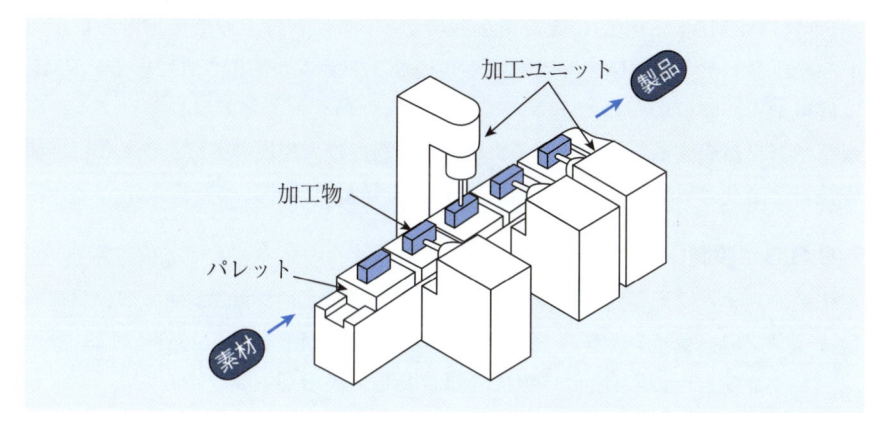

図9.4 トランスファマシン

による生産が有利となる．多品種を中・少量生産する場合には，**FTL**（flexible transfer line），**FMS**（9.1節），**FMC**（flexible manufacturing cell）と呼ばれる生産システムが採用される．

FTL 自動車部品などの比較的生産量が多い部品の生産に使用され，頻繁なモデルチェンジにも柔軟に対応できるよう開発された生産システムである．FTLは，数台の工作機械や自動検査機を直列に並べ，その間を自動搬送装置（ベルトコンベア）で連結したトランスファマシン（図9.4）を用い，全体をコンピュータ制御することで，必要な作業が連続的かつ自動的に行われる．

FMS 複数台のNC工作機械や検査装置を無人搬送車（AGV）で相互に連結し，全体をコンピュータによって制御・管理するシステムをいう．広義のFMSという場合には，FTLやFMCも含まれる．FMSの形態は様々であるが，一般的には，① マシニングセンタ等のCNC工作機械や検査装置からなる加工機能，② コンベア，ロボット，マテリアルハンドリング設備からなる搬送機能，③ ネットワーク，コンピュータなどからなる運用機能によって構成されている．

FMSを導入することにより下記のようなメリットがある．
① 設計変更への対応が容易であり，多用な品種の生産が可能．
② 生産設備が柔軟であり，生産性・設備稼働率の向上やリードタイムの削減が可能．
③ 在庫を削減でき，工具や品質管理の改善が可能．

FMC　FMSは一般的に大規模なものが多いが，NC工作機械1台とロボットを組み合わせたFMCと呼ばれる小規模なシステムが活用されている．FMCは機械加工の単位の一つであり，これを組み合わせることでフレキシブルに生産ラインを構成することができる．FMCの利点は大規模なFMSのように高額の投資を必要とせず，小さな工場でも容易に構築できることである．

9.3.3　設備レイアウト

生産システムは工場内の設備のレイアウトによって，ジョブショップ，フローショップフローライン，グループテクノロジー（group technology：GT）ライン（ショップ），セル（屋台）等に分類される（表9.3）．

表9.3　設備レイアウトの分類

名　称	レイアウト	特　徴
ジョブショップ	同種類の加工機能をもった設備をまとめて配置	ワークの流れは一様ではなく，品種ごとに異なる流れで加工される．
フローショップフローライン	加工工程順に機械を配置	製品の流れを一本化し，同じワークを連続して大量生産する．
GTライン	加工工程が同じような製品群を加工工程順に配置した機械で処理	比較的工程の近い複数の種類の製品を1本のラインで生産する．
セル（屋台）	1人または少数の作業員によりU字盤などの作業場で作業を行う	組立て部門などで広まっており，人の手による作業で高い柔軟性が特徴である．

ジョブショップ　図9.5に示すように，同一の機能や性能を持つ設備をまとめて配置したレイアウトで，機能別配置法とも呼ばれる．融通性が高く，生産量や製品の変化に対して柔軟に対応でき，加工経路が異なる複数の製品を扱うことができる．その反面，製品の流れが煩雑になり，工程の全体の流れが把握しにくくなる．また，生産性が低く，基本的に多品種少量生産向きのレイアウトである．

フローショップ　製品を作る順番に機械を並べてライン化したレイアウトであり，製品の流れは基本的に一本化されており，製品の種類ごとに専用のライン

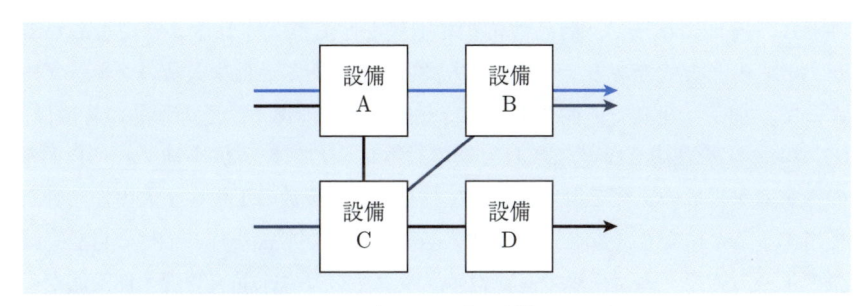

図9.5　ジョブショップの設備レイアウト

が設けられている（図9.6）．そのため，製品を効率的に生産することができ，少品種大量生産に適している．一方，製品ごとの専用ラインが必要であり，設備の台数が増えることや，生産の変動に対応が難しい，一部の設備の故障によりライン全体が停止することがあるといった欠点がある．

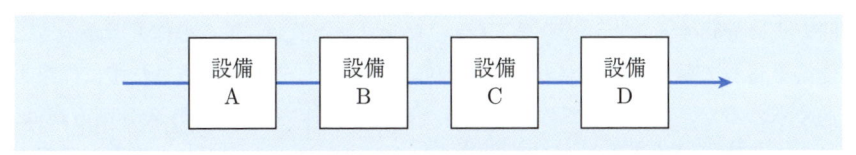

図9.6　フローショップの設備レイアウト

GTショップ　図9.7に示すような設備レイアウトであり，類似した加工をグループ化し，その流れにあわせて編成したものである．製品が多種にわたっていても，加工方法や工具等が類似していることが多く，GTショップでは，それらをグループに集約して，グループごとに適切な加工ラインを設置する．GTショップでは，多様な製品の仕様に柔軟に対応しながら，生産性の向上を図ったレイアウトである．

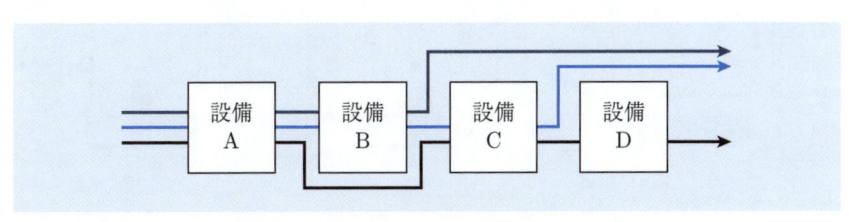

図9.7　GTショップの設備レイアウト

セル 近年になって，製品の組立て工程などで導入されるようになったのが，セル生産方式である．セル生産方式は，1人あるいは少人数のグループによって，加工，組立て，検査までを行う生産形態である．その形態の特徴は，① コンベアを使用しない，② U字型の設備レイアウト，③ 小ロット，④ 1人の作業者が複数の工程を担当する，などである．複数の工程を1人の作業者が担当することになり（多能工化），少人数の作業者が製品を作り上げる自己完結型の生産方式である．従来の直線型の生産ラインでは，品質管理や作業能率の観点から，ラインの停止や品質の不安定性などの問題があった．セル生産方式では，多品種少量生産に対応する柔軟性を備えており，生産のリードタイムを短縮することが可能である．従来では，作業を分割して作業者に配分されていたが，セル生産方式では，いかに作業を1人あるいは少人数に集約させるかが問題となる．そのため，生産効率や品質は作業者の能力に大きく依存する．

セル生産方式は，図9.8に示すようにワンマン（屋台）方式，分割方式，巡回方式に分類することができる．**(a)** のワンマン方式は，1人の作業者が全ての作業を行って製品を完成させる．他の作業者のスピードに左右されずに作業を進められるが，1人で全ての作業を行う能力が要求される．**(b)** の分割方式は，数人の作業者で作業を分割して行うことで，ワンマン方式よりも作業の種類が少なく，習得時間を短くすることができる．しかし，各作業者によって作業のスピードが異なるため，1つの作業が遅れると全ての作業が遅れることになる．**(c)** の巡回方式では，複数の作業者が順に全ての作業を担当する．一つの設備を複数で共有することができ，設備投資を少なくすることができるが，巡回速度の遅い作業者によって生産速度が決まってしまう．

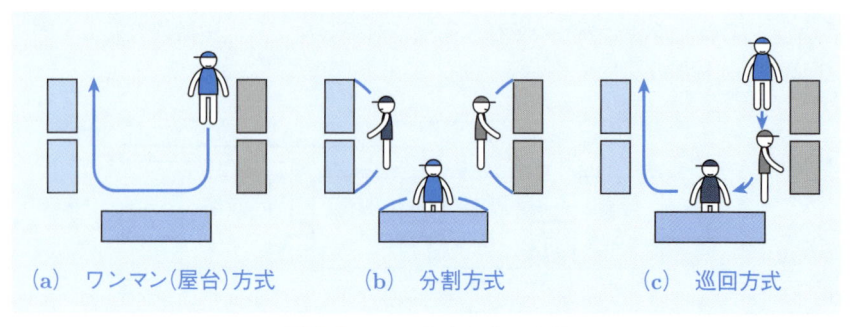

(a) ワンマン(屋台)方式　　(b) 分割方式　　(c) 巡回方式

図9.8　セル生産方式の分類

9.4 生産の情報化

1950年代になると，生産システムへのコンピュータの導入が開始されたことによって，生産技術に大きな革新がもたらされた．現在の生産システムにおいて，生産システムのIT化は多岐に渡っている．CAD/CAMシステムとCNC工作機械を組み合わせることによって，機械加工の効率化が進展した．さらに**CAE**（computer aided engineering）の発展によって，製品の信頼性向上や製造コストの低減などが実現された．また，機械加工に関連する技術だけでなく，生産現場全体のシステムの管理にコンピュータネットワークが使用され，情報を集約・管理することで経営の最適化がなされている．

9.4.1　CAD・CAM・CAE

CAD（コンピュータ支援設計）は，コンピュータを利用して，設計と製図を自動的に行い，人の手によって行われていた設計作業を，コンピュータによって支援し，効率化および省力化を行うものである．CADの導入によって，① 設計製図作業の省力化，② 開発期間の短縮，③ 図面の標準化，④ 図面管理の合理化などの利点が得られる．従来のCADでは，2次元CADとして主に図面の製図段階で使用されていたが，3次元CAD（3D CAD）の開発により，現在では設計そのものをコンピュータ上で行うのが主流である．3D CADでは，各部品の形状や寸法の設計だけでなく，部品の組立（アセンブリ）をコンピュータ上で行うことができる．さらにCAEと組み合わせることで，設計した製品の強度評価をも行うことが可能である．

製品の設計は形状だけでは十分でなく，製品の想定される使用状況や使用環境において，十分な機械的強度を有する必要がある．実際に製品を試作することなく，コンピュータ上で強度や性能の評価を行うのがCAEである（図9.9）．CAEでは，3D CADで作成された3次元の構造モデルを基に機械的強度等の評価を行う．その解析対象は多岐にわたっており，① 強度解析，② 機構解析，③ 振動解析，④ 熱解析，⑤ 流体解析などが可能である．

CADで設計を行い，CAEによる解析を行えば，次に生産工程の決定を行う．そして，部品加工のためのNC指令情報を自動プログラミングで行う．このようなコンピュータによる設計と加工の統合化をCAD/CAMシステムと呼ぶ（図9.10）．CAMソフトによって，加工工具の選定，工具経路の創成，加工

条件の決定などが行われる．CAD/CAM システムに CAE による解析を組み込み，開発—設計—製作の工程を協同的に行い生産効率の向上を図ることを，**コンカレントエンジニアリング**（concurrent engineering）という．

図9.9　CAE による応力解析の例　[著者（村田）作成]

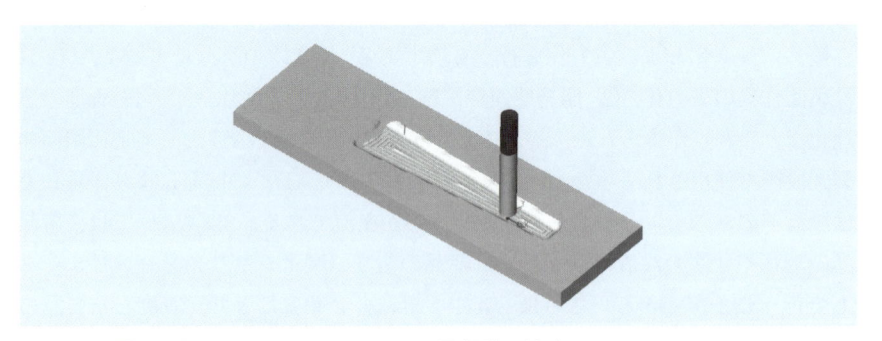

図9.10　CAD/CAM よる工具経路の決定　[著者（村田）作成]

● 生産現場の工夫 ●

　年に何度か企業の工場を見学する機会がある．各企業の文化が垣間見られて非常に勉強になる．とある企業を訪問した際，自動搬送機（AGV）がモップを引いているのを見た．AGV に製品を運ばせるだけでなく，同時に工場内の清掃まで行わせようというものだ．こうした些細なアイデアの積み重ねによって，日本のものづくりが支えられていると感心した．

9.4.2 CIM

CIM（computer integrated manufacturing）とは，コンピュータ総合生産とも呼ばれ，生産活動における諸機能を情報通信技術によって統合的に管理・制御し，経営の最適化を意図したシステムのことである．CIM は，① 製造機能（CAM），② 設計機能（CAD），③ 管理機能（CAP：computer aided planning）をデータベースで一元的に統合したシステムである．CIM では製造工程のみを管理するのではなく，受注，設計，製造，販売までを対象とし，各部門間をコンピュータネットワークで結び，そこで使用されているデータベースの一元化を図る．CIM により，リードタイムを短縮することができ，多品種少量生産への対応が可能となる．

9.4.3 POP

POP（point of production）システムは，生産時点情報管理システムのことであり，生産現場における管理情報をリアルタイムで管理するシステムである．図9.11に示すように，管理用のコンピュータと生産現場の機械，設備機器や端末をネットワークで結び，多様な情報（生産時点情報）を収集することで，生産システムの効率的な運用を行う．POP によって，生産現場の情報がリアルタイムに収集され進捗状況を管理することができ，工程管理や生産管理を効率的に行うことができる．

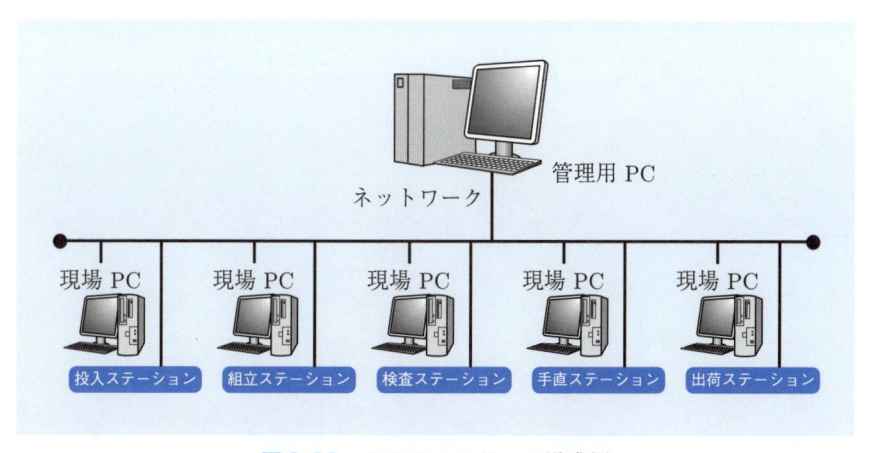

図9.11　POP システムの構成例

9章の問題

☐ **9.1** 受注生産と見込み生産の違いとそれぞれの特徴を説明せよ．

☐ **9.2** 生産量と生産品種の観点から種々の生産形態の特徴を説明せよ．

☐ **9.3** ジョブショップとフローショップの特徴を比較して説明せよ．

☐ **9.4** セル生産方式の利点と欠点を説明せよ．

☐ **9.5** CAD, CAM, CAE のそれぞれの役割や機能を説明せよ．

第10章

加工品の評価

　加工した製品が仕様や性能を満たしているかを評価する技術は，製品機能の向上や加工技術の高度化に必要不可欠な技術である．加工品の評価には，形状や寸法の評価，表面品質の評価，汚れの評価などがある．本章では，各種評価技術の測定原理と特徴について述べる．

10.1 形状精度の評価

工作物の寸法・形状の誤差は，工作機械の形状偏差や変形，工具の変形・摩耗，工作物の熱的変形などの要因による．近年の光学素子の高精度化や半導体素子の微細化に伴い，極めて高い形状精度が要求されるようになっている．形状精度は，幾何学的に正しい図形や位置に対する狂い（偏差）であり，これらを総称して**幾何偏差**という（表10.1）．

表10.1　幾何偏差の種類

種類		適用する形体
形状偏差	真直度　平面度　真円度　円筒度	単独形体
	線の輪郭度　面の輪郭度	単独形体または関連形体
姿勢偏差	平行度　直角度　傾斜度	関連形体
位置偏差	位置度　同軸度および同心度　対称度	
振れ	円周振れ　全振れ	

10.1.1 真直度の測定

真直度の測定には，定盤や直定規などの基準となる面を用意し，それに倣って移動する台に固定した変位計を利用する方法がある（図10.1 (a)）．ダイヤルゲージなどを固定した台を移動して，所定の間隔ごとに測定値をプロットすることで真直度が得られる．また，気泡水準器等の角度の測定器を利用した真直度の測定方法もある．図10.1 (b)のように測定面の上に一定の間隔を離した二つのブロックゲージ[†]を配置し，その上に水準器を置く．そして水準器を移動

(a) ダイヤルゲージによる測定　　(b) 水準器による測定

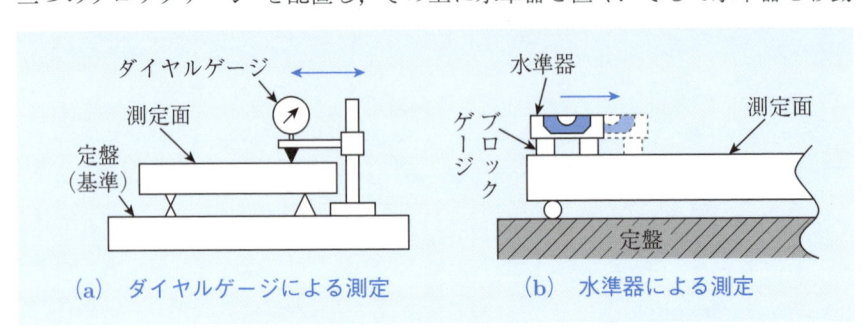

図10.1　真直度の測定

[†] ブロックゲージは両端が精密に研磨され，その間の長さが正確に決められた金属の塊．長さの基準として利用される．

させながらそれぞれの位置で角度の読み取りを行う．ブロックゲージの間隔は一定であるため，角度がわかれば2点間の高さの差がわかる．これを各測定位置でプロットすることで真直度が測定できる．

10.1.2 平面度の測定

平面度の測定には，真直度の測定と同様，基準面との比較による測定や，角度偏差を利用した測定があるが，近年広く利用されているのが，光の干渉を利用した方法である．測定面に対し基準原器（オプチカルフラット）を接触させ，そこに光を照射すると，両者に隙間があれば光の干渉によって干渉縞が生じる．この干渉縞の本数と光の波長から平面度が測定できる．オプチカルフラットでは，測定面との接触により傷が発生する場合がある．そこで非接触式の測定方法として**レーザ干渉計**が利用されている．レーザ干渉計では，光を二つに分割し，基準面と被測定面の光路長の差によって生じた干渉縞（図10.2）を利用して平面度の測定を行う．

図10.2 レーザ干渉計によるガラス面の干渉縞観察

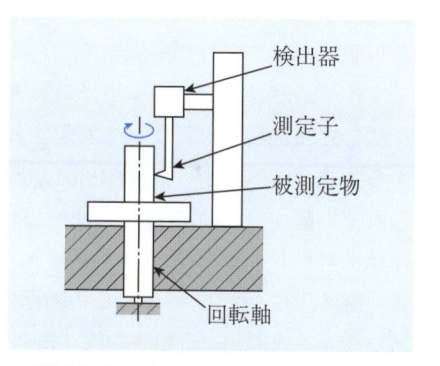

図10.3 半径法による真円度測定

10.1.3 真円度の評価

真円度は，幾何学的に正しい円からの狂いのことであり，簡易的にはマイクロメータなどの直径測定器を用いる方法や（直径法），Vブロックとダイヤルゲージによる3点法によって測定することができる．しかし，一般的には図10.3に示す半径法と呼ばれる測定方法が用いられる．この方法は，測定物の精度に比較して極めて高い回転精度を持つ軸を用い，その回転を利用して被測定物の半径方向の凹凸を検出器によって測定する．

10.2 表面粗さの評価

表面粗さとは，表面の凹凸の程度を示すものであり，光学素子や半導体素子を製造する上で加工面の品質を決める重要なパラメータの一つである．表面粗さは，尖った針で表面を走査して測る方法や，光の干渉を利用して測定するものなどがあり，それぞれ測定分解能や測定範囲などが異なる．対象物の表面性状や要求される測定精度に応じた測定方法を選択することが重要である．

10.2.1 触針式表面粗さ計

触針式表面粗さ計（stylus profilometer）は，先端の尖った針（触針）を測定物の表面に接触させ，測定物または探針を直線的に移動させることで，測定物の表面形状を触針の高さ方向の動きとして検出する測定方法である（図 10.4）．触針式表面粗さ計では，比較的簡便な装置で高い高さ方向分解能が得られる．一方，測定時間が光学式計測法に比べて長いこと，触針との接触により試料に損傷が残り易いことなどが問題である．また，触針の大きさにも留意が必要である．急峻な傾きを有する表面を測定する場合には，触針が段差を正確にトレースできず，触針先端の曲率半径の影響が測定結果に現れてくる．

触針式表面粗さ計によって測定されたデータにより表面粗さやうねりを算出する方法は JIS 規格（JIS B 0601:2001 および JIS B 0633:2001）によって定められている．データの処理方法を図 10.5 に示す．測定されたデータ（測定断面曲線）に対してカットオフ値 λ_s の低域フィルタを適用することで断面曲線（図 10.6 (a)）を得る．この**断面曲線**に対してさらにカットオフ値 λ_c の高域フィルタを適用し，**粗さ曲線**（同図 (b)）が得られる．一方，カットオフ値 λ_c から λ_f の帯域通過フィルタを適用して得られた曲線を**うねり曲線**（同図 (c)）という．図 10.6 からわかるように，断面曲線には粗さとうねりの両方の情報が含まれており，この断面曲線から適当なフィルタ（表 10.2）を適用することで粗さ曲線およびうねり曲線を得る．カットオフの値および測定長さ（図 10.7）と触針先端曲率半径は表にしたがって決定される．

上記の手順にしたがって得られた各種曲線について，高さ方向のパラメータを算出する．その代表的なものを表 10.3 に示す．

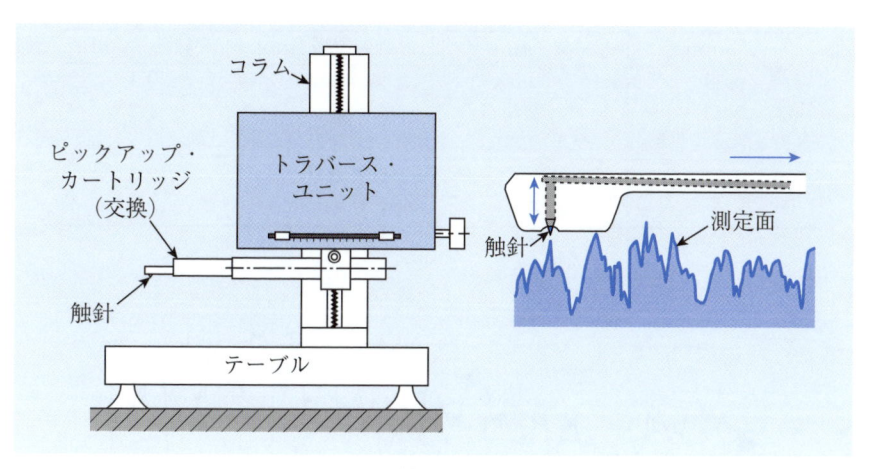

図10.4　触針式表面粗さ計

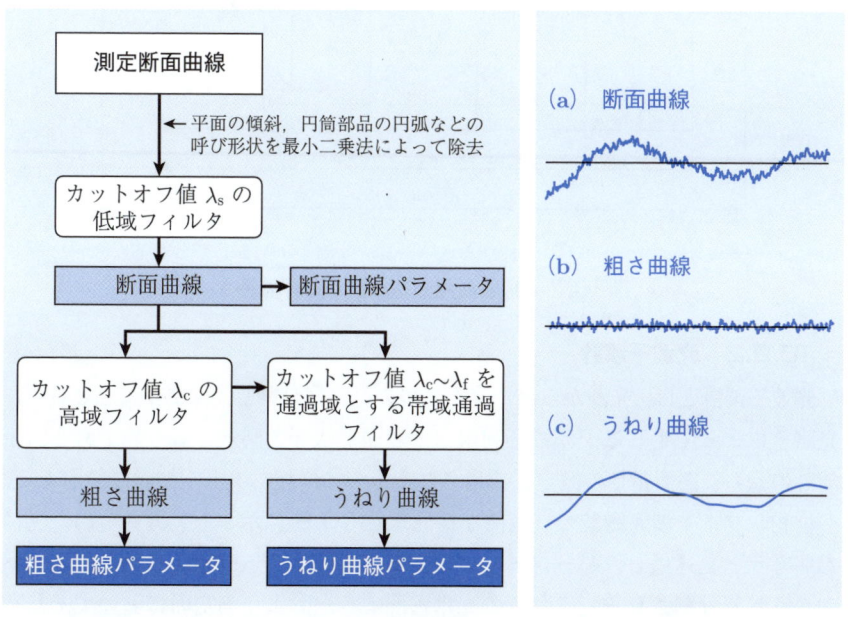

図10.5　粗さおよびうねりの算出手順

図10.6　断面・粗さ・うねり曲線

表10.2 カットオフ値，測定長さ，触針先端径の関係

λ_c [mm]	λ_s [μm]	触針先端径 [μm]	評価長さ [mm]
0.08	2.5	2	0.4
0.25	2.5	2	1.25
0.8	2.5	2	4
2.5	8	5 または 2	12.5
8	25	10, 5 または 2	40

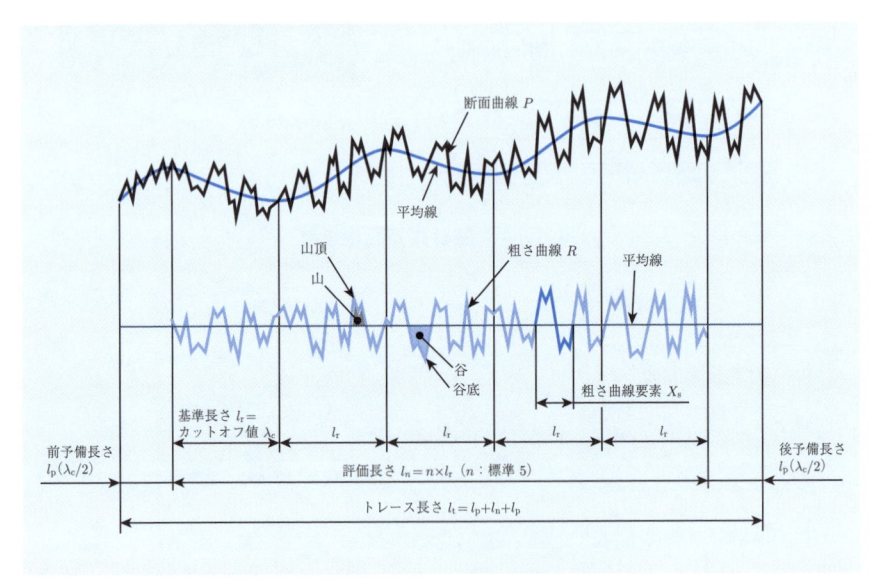

図10.7 粗さ曲線の基準長さと評価長さ

10.2.2 光波干渉計

光波干渉計とは，光源から出た光を二つの経路に分割し，再び合流させる際に光路差によって生じる干渉縞を利用して表面形状等を測定するものである．干渉計のうち，表面粗さの測定に使用されるものに位相シフト干渉顕微鏡がある．

位相シフト干渉顕微鏡の一般的な構成を 図10.8 に示す．光源から出た光は参照ミラーを通過し，ハーフミラーによって参照ミラーへ向かう光と測定面へ向かう光に分割される．これらの光は参照ミラーおよび測定面においてそれぞれ反射し，再びハーフミラーにおいて合流した後，光路差によって生じる干渉パターンを CCD カメラ上に形成する．そして参照ミラーの垂直走査を行うこ

10.2 表面粗さの評価

表10.3 表面形状パラメータの算出方法

種類	記号	算出方法	例
最大高さ	P_z：断面曲線の最大高さ R_z：最大高さ粗さ W_z：最大高さうねり	基準長さにおける輪郭曲線の山高さ Z_p の最大値と谷深さ Z_v の最大値との和	$R_z = R_p + R_v$
算術平均粗さ	P_a：断面曲線の算術平均高さ R_a：算術平均粗さ W_a：算術平均うねり	基準長さにおける高さ $Z(x)$ の絶対値の平均値	$R_a, P_a, W_a = \dfrac{1}{l_r}\int_0^{l_r}|Z(x)|dx$
二乗平均平方根高さ	P_q：断面曲線の二乗平均平方根高さ R_q：二乗平均平方根粗さ W_q：二乗平均平方根うねり	基準長さにおける高さ $Z(x)$ の二乗平均平方根	$R_q, P_q, W_q = \sqrt{\dfrac{1}{l_r}\int_0^{l_r}|Z^2(x)|dx}$

とで，測定面に相当するCCDの各番地における干渉縞の輝度の変化から形状が計算される．参照ミラーは対物レンズ内に設置されており，その配置によってミラウ型やマイケルソン型などの干渉計に分類される．図10.9はミラウ型の対物レンズ形式を示している．

光波干渉計は，縦方向（高さ方向）の分解能がÅ（オングストローム；0.1 nm）オーダと極めて高い精度で測定可能である．また，対物レンズの倍率によって数十μmから数十mmまでの視野範囲を選択することができる．一方で，測定面は基本的に鏡面である必要があり，粗面の評価には適さない他，急峻な勾配や段差の測定は難点がある．また，高さ方向の分解能に比べて横方向の分解能が低い．位相シフト干渉顕微鏡によって，半導体基板の研磨面を観察したものを図10.10に示す．深さ2～3 nm程度の微細な研磨傷も観察することができている．

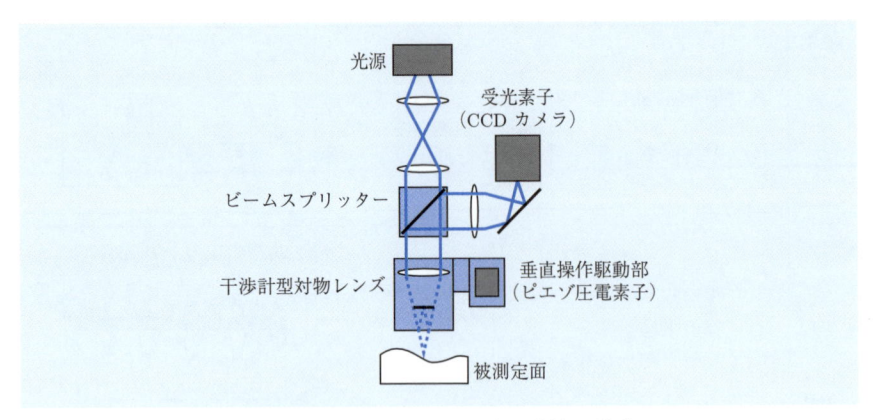

図 10.8　位相シフト干渉顕微鏡の構成

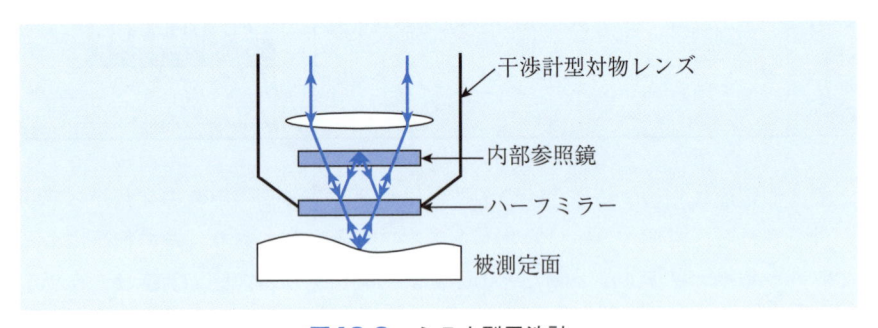

図 10.9　ミラウ型干渉計

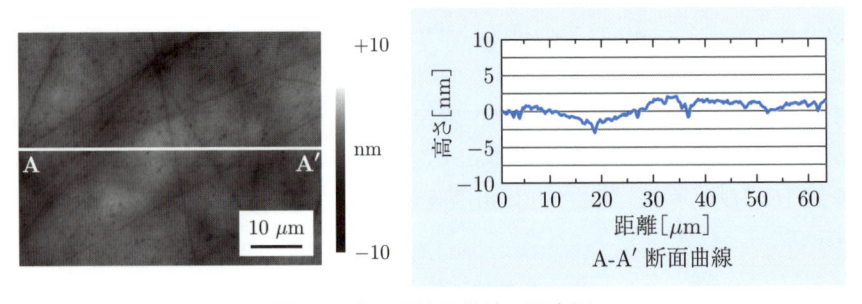

図 10.10　干渉顕微鏡の観察例

10.2.3　走査型プローブ顕微鏡

微小な探針（プローブ）を用いて固体表面をなぞるようにして移動させ，探針を表面の微小な凹凸に対応させて上下させることで，表面の微細な形状を評価する方法を総称して**走査型プローブ顕微鏡**（scanning probe microscope：SPM）と呼ぶ．SPM では，表面と探針の相互作用によって両者の距離が一定になるように保たれる．どのような相互作用を利用するかによって種々の SPM が開発されているが，代表的なものとして原子間力顕微鏡と，走査型トンネル顕微鏡が挙げられる．

原子間力顕微鏡（atomic force microscope：AFM）　固体表面と探針間に働く原子間力を利用して表面の微小な凹凸を測定する．AFM では，板バネの先端にある探針（カンチレバー）を試料表面に近付けて，2 次元的に走査する．接近した両者の間にはクーロン力やファン・デル・ワールス力などによる引力や斥力が生じるため，探針を走査しながら力を測定するか，力が一定となるように探針を上下させることによって表面の 3 次元的形状を得る．

AFM の測定では図 10.11 に示す光てこ方式が用いられている．カンチレバー（図 10.12）の背面にはレーザ光が照射され，反射されたレーザ光は光検出器に入射される．光検出器は 4 分割のフォトダイオードが用いられており，どの受光部分に反射光が入ったかによってカンチレバーの角度がわかる．カンチレバーと試料表面を十分に接近させると，両者には原子間力が働くため，カンチレバーが変形し，フォトダイオードに入射される光の位置が変化し，二つのフォトダイオードの受光量の変化からカンチレバーのたわみ量が検出される．実際の測定では，試料はピエゾ素子によって x，y 軸方向に走査すると同時に，z 軸にフィードバックをかけて，カンチレバーのたわみ量が一定（つまりフォトダイオードへの入射光位置が一定）に保つように制御が行われる．

図 10.13 は精密研磨した窒化ガリウム（GaN）を AFM により観察した像である．表面に 0.2 nm 程度の高さを持つ階段状構造（ステップテラス構造）が存在していることがわかる．AFM では，このようなナノメートル以下の微細構造も観察することができ，測定環境によっては原子像を取得することも可能となる．

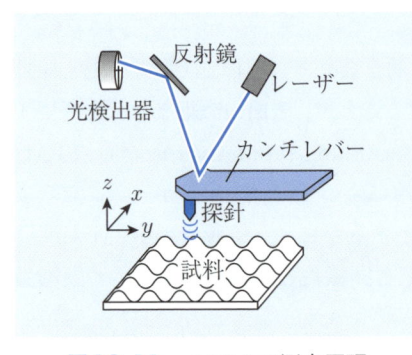

図 10.11　AFM の測定原理

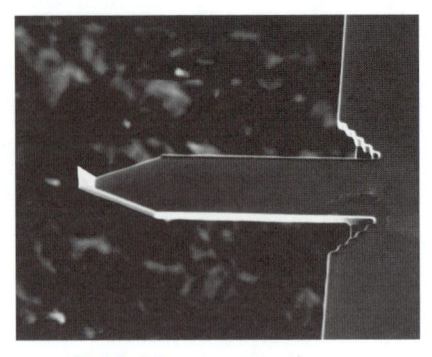

図 10.12　カンチレバー
[著者（村田）撮影]

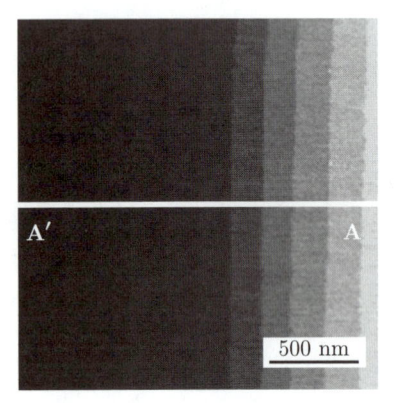

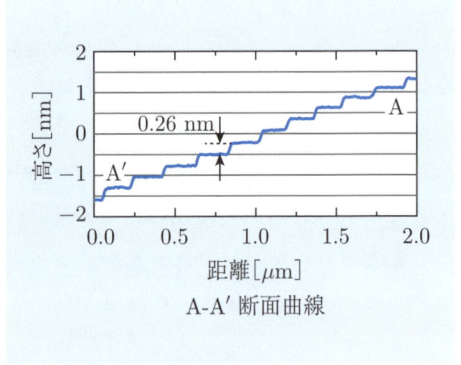

図 10.13　AFM による GaN 表面の観察像

走査型トンネル顕微鏡（scanning tunnel microscope：STM）　AFM と同様，探針を試料表面に接近させて表面の 3 次元形状を得る観察法である．AFM が原子間力を利用するのに対し，STM ではトンネル電流を利用して観察を行う（図 10.14）．トンネル電流の詳細な説明は他書に譲るが，先端の鋭い探針を固体表面に 1 nm 程度の距離に接近させ，両者に電圧を印加すると，量子力学的な効果により流れる電流のことをいう．トンネル電流は探針と試料表面の距離に対して，極めて敏感であり，距離が 0.1 nm 変化すると，トンネル電流は 1 桁変化する．したがって，探針によって表面を沿わせて移動させると，表面の凹凸によってトンネル電流が増減する．このため，この電流値をモニタすることで表

10.2 表面粗さの評価

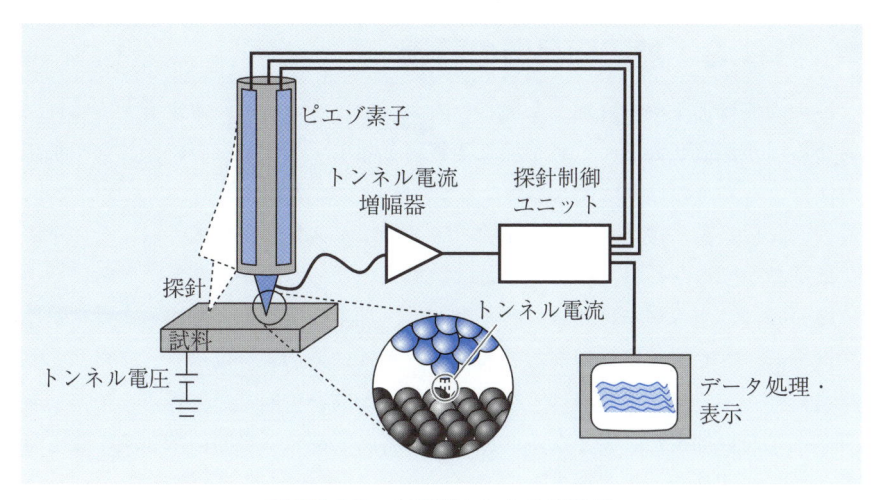

図 10.14 走査型トンネル顕微鏡

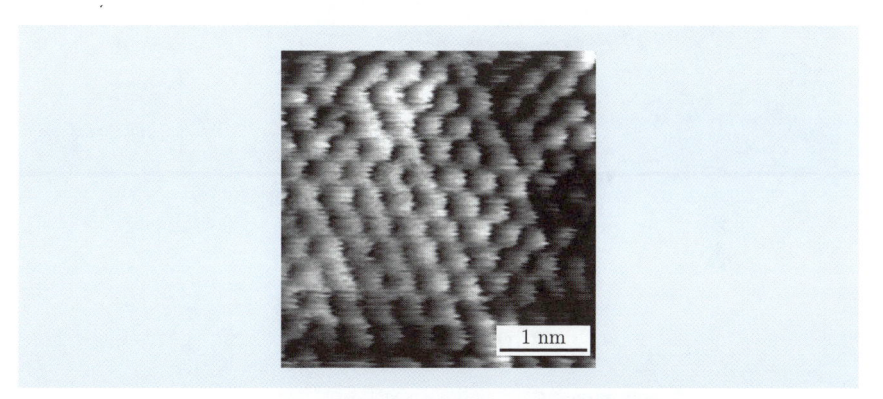

図 10.15 SiC 表面の走査型トンネル顕微鏡像

面の形状に関する情報が得られる．また，トンネル電流を一定となるように探針の上下動をフィードバック制御し，これを画像化することで3次元形状を得る方法もある．STMでは，極めて高い分解能で測定が可能であり，**図 10.15** に示すように，表面の原子像を得ることが可能である．

10.3 加工面品質の評価

種々の機械加工や特殊加工を施した表面には，その材料が本来有する特性と異なる層が形成される．これを**加工変質層**と呼ぶ．加工変質層は，材料や加工方法によってその形態は大きく異なるが，一般的には図10.16のようになる．最表面には結晶が破壊された非晶質（アモルファス）層が形成され，その下層には結晶が変形を受け，微細化または繊維上となった層が存在し，さらにその下層の弾性ひずみ層を経て母材へと繋がる．加工変質層は表面の耐食性や耐摩耗性を低下させ機械構造用部品の強度や信頼性に悪影響を及ぼす．また，結晶材料に存在する加工変質層は，製品性能に致命的な欠陥となり得るため，変質層を生じない加工が必要となる．加工変質層の上部には表面の酸化膜や吸着分子，さらに汚れなどが存在する．

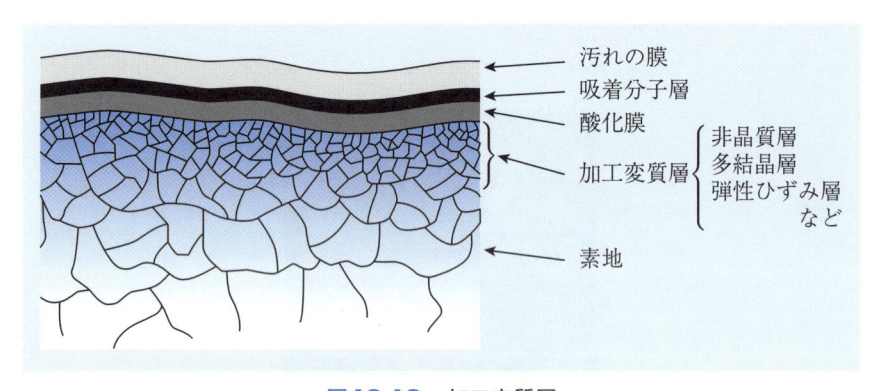

図10.16 加工変質層

10.3.1 加工変質層の評価

加工変質層の深さは加工方法によって大きく異なり，研削加工等の機械加工では数 μm オーダであるが，化学的な作用を用いた加工ではほとんど加工変質層が発生しないこともある．加工変質層の深さは，光学顕微鏡による観察やエッチングによる評価などによって比較的簡便に評価することができる．しかし，nmオーダの微小な加工変質層を評価対象とする場合，また結晶ひずみや組成変化などを評価する場合は，光学顕微鏡による観察では評価が難しく，種々の表面分析法を利用した評価が必要となる．

斜め研磨法およびエッチングによる評価　斜め研磨法による評価は，加工面に研磨傷やクラックなどが存在する場合に，それらの深さを評価する場合に有効である．図10.17に示すように，加工変質層を含む加工面を斜めに研磨を行い，その研磨した表面を顕微鏡によって観察する方法である．研磨する角度 θ が既知であれば，加工変質層の深さを同定することができる．比較的簡便な方法で評価が可能であるが，研磨傷等の可視化できる欠陥の評価に限られる．

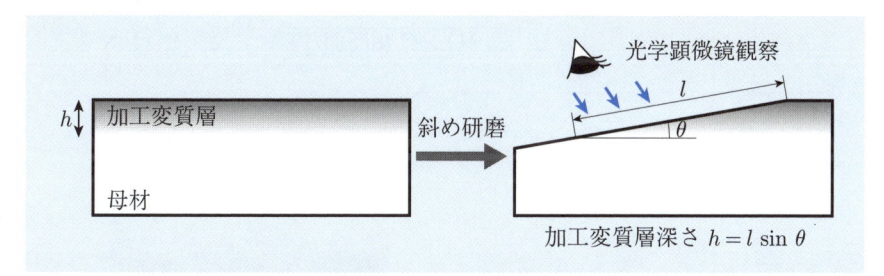

図 10.17　斜め研磨法

X 線回折法（X-ray diffraction：XRD）　X 線を物質に照射すると，その物質に特有の回折パターンが得られる．この回折パターンを利用して構造解析を行う方法である．この方法はブラッグ回折に基づいた計測方法で，結晶性や残留ひずみを直接的に評価することができる[†]．格子間隔 d は物質の種類によって決まるため，回折パターンのピークが現れる角度 θ を求めることで物質の同定やひずみを評価することができる．X 線回折装置の構成を図10.18に示す．

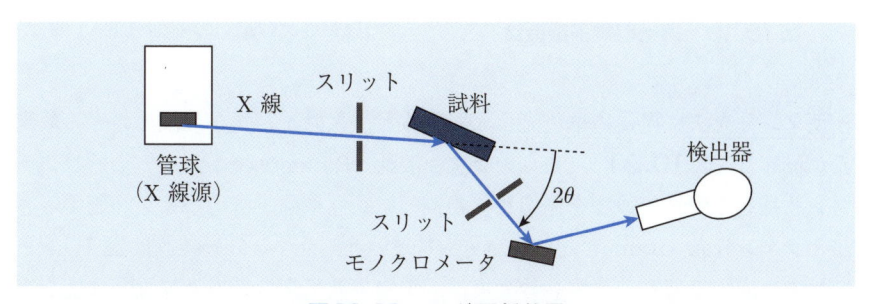

図 10.18　X 線回折装置

[†] ブラッグ回折は格子間隔 d の物質に対して，波長 λ の X 線を入射した場合に，ブラッグの回折条件（$2d\sin\theta = n\lambda$）が成り立つ回折角 θ の方向に X 線が強め合うことをいう（n は整数）．

透過型電子顕微鏡（transmission electron microscope：TEM）　図10.19のような構成であり，薄膜状の試料に対し，高速の電子線を透過することで，物質の内部構造を観察する方法である．結晶内の原子配列をそのまま観察することもでき，この方法を高分解能電子顕微鏡法という．透過型電子顕微鏡によって表面の加工変質層を評価する場合，表面から垂直方向に試料を切り出し，薄片化（マイクロサンプリング）した後，その断面を観察する（断面TEM）．試料のマイクロサンプリングには集束イオンビーム（focused ion beam：FIB）による微細加工が多用されている．図10.20に断面TEMによってGaN表面を観察した例を示す．

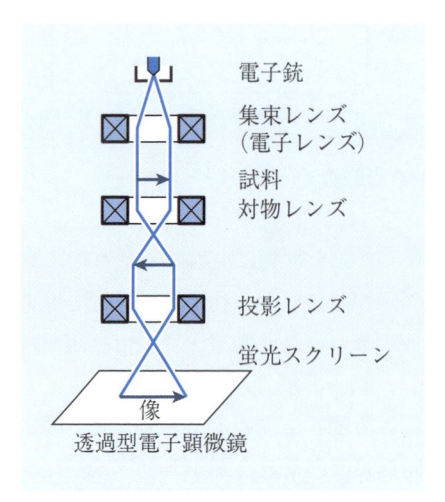

図10.19　透過型電子顕微鏡

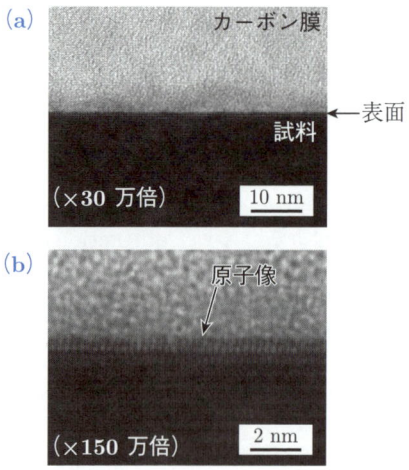

図10.20　GaNの断面TEM像

ラマン分光法　物質に単色光を入射すると，入射光と異なる波長の光の散乱光が現れる（図10.21）．これを**ラマン散乱**（Raman scattering）と呼び，ラマン散乱光の波長や強度を測定して物質の結晶性や分子構造などを評価する方法を**ラマン分光**（Raman spectroscopy）という．ラマン分光装置は図10.22に示す構成図である．ラマン分光では，ラマン散乱光のピーク位置と強度を測定することで，結晶性や残留応力を評価することができる．

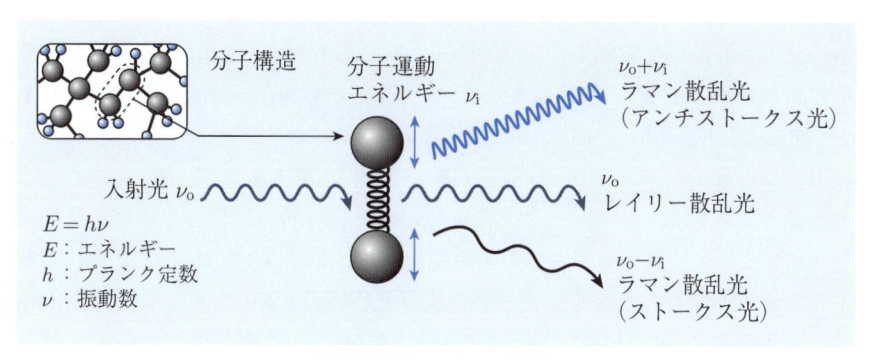

図 10.21　ラマン散乱

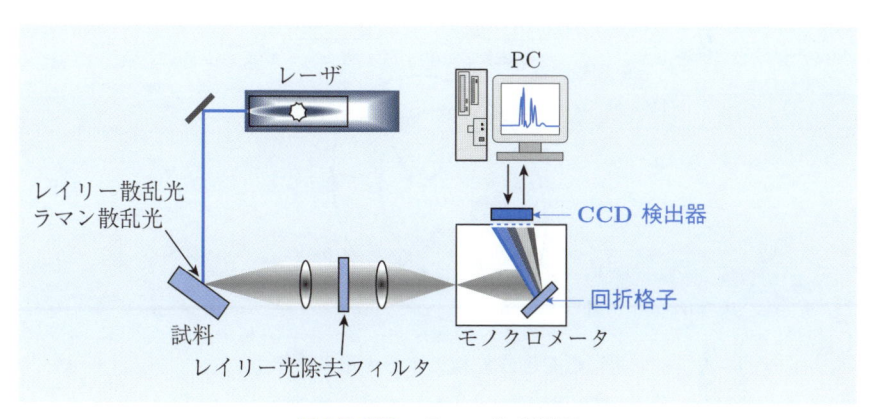

図 10.22　ラマン分光装置

10.3.2　化学状態の評価

加工面には残留ひずみなどの加工ダメージだけでなく，酸化や異物原子の拡散などにより化学的組成が変化した層が存在する．表面の化学的状態は，材料の機械的・電気的物性などの諸物性に様々な影響を与えるため，これを定性的あるいは定量的に評価する必要がある．

X 線光電子分光法（X-ray photoelectron spectroscopy：XPS）　物質表面に X 線を照射し，光電効果により発生した電子のエネルギーと強度を測定することにより，試料に存在する元素の種類を同定する方法である．また，元素の結合状態に関する情報を得ることもできる．

X線を物質に照射すると，図10.23に示すように，各軌道にある電子が真空中に放出される（光電効果）．照射するX線のエネルギーを$h\nu$，放出された電子のエネルギーをE_k，束縛エネルギーをE_b，エネルギー分析器の仕事関数をϕとすると，$E_k = h\nu - E_b - \phi$の関係がある．$h\nu$およびϕは一定であるため，放出された電子のエネルギーを測定することで，束縛エネルギーE_bを求めることができる．束縛エネルギーは元素と電子の準位に特有の値を取るが，化学結合状態によって束縛エネルギーの値が変化する（ケミカルシフト）．これによって元素種の同定だけでなく，化学結合状態を評価することが可能である．XPS基本装置構成を図10.24に示す．試料に照射するX線を発生するX線管お

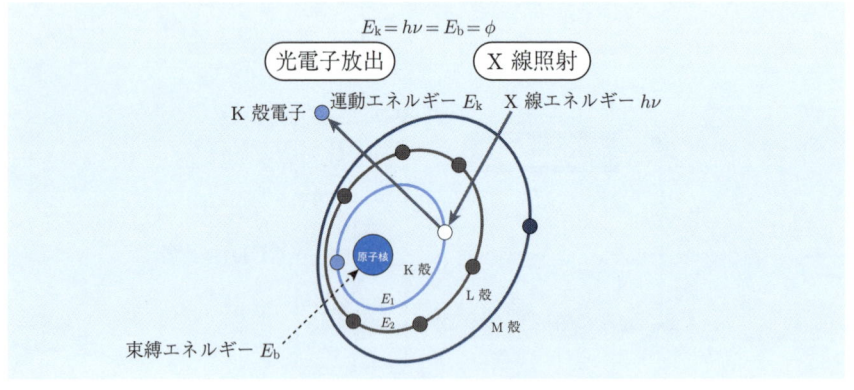

図10.23　X線による光電子の発生

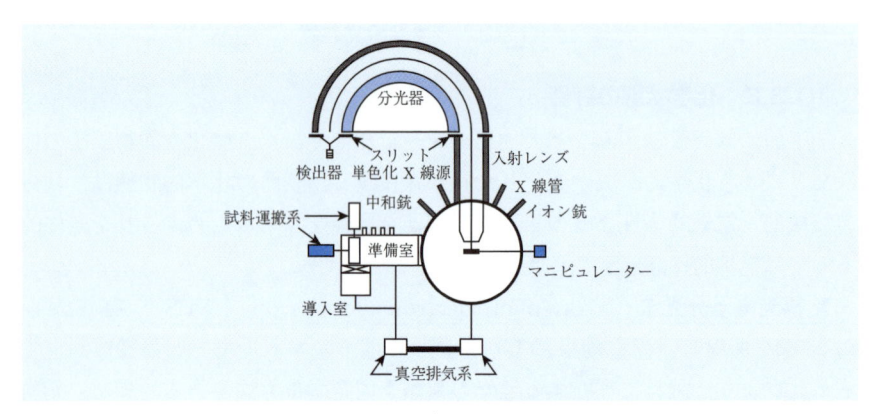

図10.24　XPSの装置構成

よびその単色化を行う分光器，試料ステージ，発生した光電子のエネルギーを測定するエネルギー分析器などによって構成されている．また，試料表面のクリーニングやスパッタリングを行う（深さ方向分析）ためのイオン銃や，試料の帯電を抑制する中和銃が備えられているものもある．

2次イオン質量分析法（secondary ion mass spectroscopy：SIMS）　試料表面に対してイオンビームを照射することで，表面の構成物質をスパッタリング現象によってはじき飛ばす方法である（図10.25）．発生したイオン（2次イオン）を質量分析することによって，付着分子の同定や濃度などを測定する．イオンビームを試料に照射するため，試料自体もスパッタリングされるが，イオンビームをパルス化して照射することで，試料のスパッタを抑え，表面の付着物のみを非破壊的に評価することができる．一方，試料表面をイオンビームでスパッタしながら観察し，深さ方向分析（デプスアナリシス）により表面からの深さと化学組成を関連付けて評価することができる．

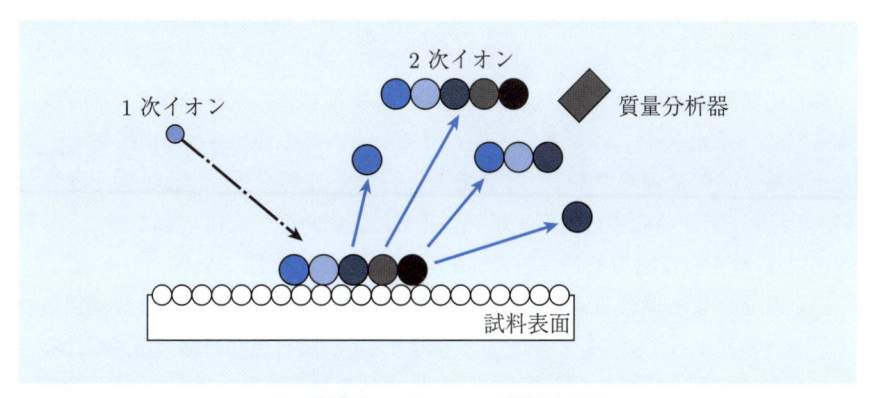

図10.25　2次イオン質量分析法

10.3.3　表面汚染の評価

第8章で述べたように，工業的洗浄では，視覚や嗅覚によらない定量的な汚れの評価を行う必要がある．とりわけ半導体製造工程においては，極めて微量かつ微小な汚れが問題となるため，これを高精度に検出して洗浄する必要がある．

全反射蛍光X線分析法（total reflection X-ray fluorescence analysis：TRXF）　試料の表面にX線を小さな入射角で照射し，試料表面の物質と相互作用により発生した蛍光X線を分析する方法である（図10.26）．

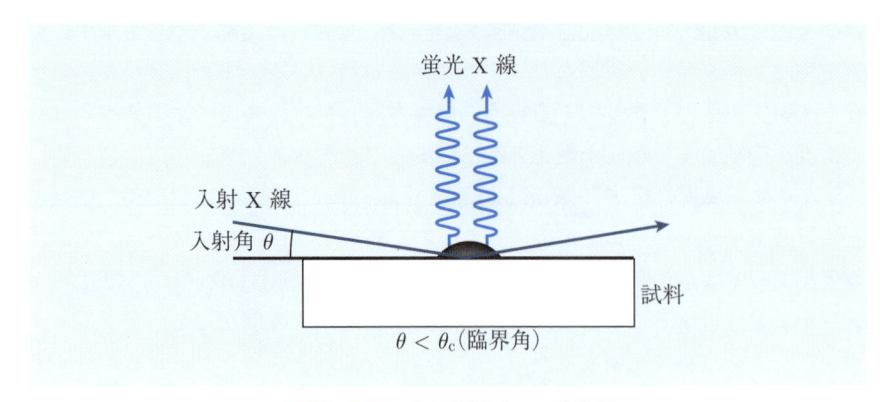

図 10.26　全反射蛍光 X 線分析

　X 線を物質に照射すると，X 線のエネルギーによって，電子が軌道から放出され，より高い準位の電子がそこに遷移する際に，X 線を発生する．これを蛍光 X 線といい，元素に固有のエネルギーを持つため，蛍光 X 線のエネルギーと強度を分析することによって，元素の特定とその濃度を定量することができる．

　通常の蛍光 X 線分析では，試料に照射された X 線は，試料内部まで深く侵入するため，蛍光 X 線には試料の表面だけでなく内部の情報も含まれており，これを分離するのは困難である．そこで全反射蛍光 X 線分析では，X 線を臨界角（X 線が全反射する限界の角度）以下の非常に低い角度で入射することで，試料表面で X 線を全反射させ，試料表面で発生した蛍光 X 線を分析する．

　光散乱法による微粒子汚れ測定　表面に存在する微粒子汚れは，光学顕微鏡や電子顕微鏡によって直接観察することもできるが，試料表面の広大な面積に存在する粒子汚れを高速に検出する方法として**光散乱法**（light scattering method）による微粒子測定がある．この方法では，図 10.27 に示すように，試料表面にレーザ光を照射し，その正反射光の位置からずれたところに光検出器を設置する．試料表面に微粒子が存在すると，レーザ光が散乱され，その散乱光が光検出器で検出されることによって，微粒子の位置情報を得ることができる．また，散乱光強度によって粒子の粒径の情報も得られる．

　その他の汚れ評価方法　表面に付着した油脂（有機物）汚れの評価には，2 次イオン質量分析法や**フーリエ変換型赤外分光**（Fourier transform infrared spectroscopy：FTIR）などが使用される．FTIR は赤外分光法の一つであり，試料

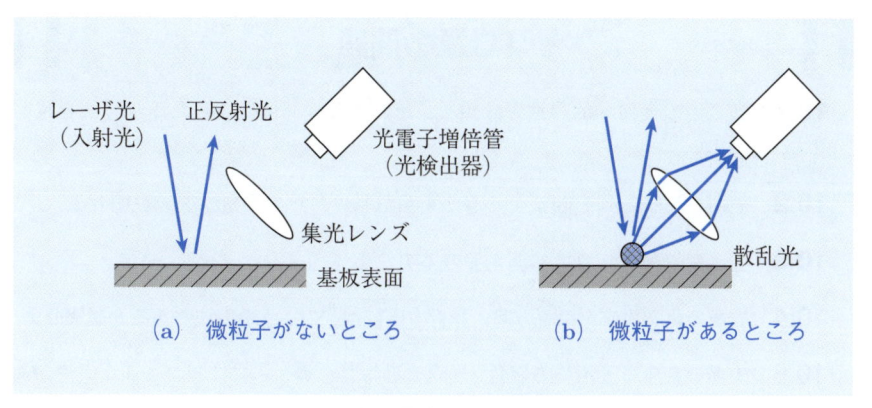

図 10.27 光散乱法による微粒子の検出

に赤外線を照射し，透過や反射した光を分光することで，分子構造等を分析する方法である．物質に赤外光を照射すると，物質に含まれる分子が光のエネルギーを吸収し，分子の振動または回転の状態が変化する．赤外分光では，入射光から分子の振動・回転状態の遷移によって失われたエネルギーを求めることで試料の分子構造等を分析することができる．

10章の問題

☐ **10.1** 加工面の幾何学的特性を分類し，それぞれの評価に適した測定方法を説明せよ．

☐ **10.2** 表面の原子配列を観察する手法を複数挙げ，その測定原理を説明せよ．

☐ **10.3** 加工変質層を高感度に測定できる方法を述べよ．

☐ **10.4** 表面の化学組成を深さ方向に分析するにはどのような方法があるか説明せよ．

☐ **10.5** 表面の金属粒子汚染の個数（密度）と材質を調べるにはどのような方法があるか説明せよ．

参考文献

［1］ 佐藤敏一著，『特殊加工』，養賢堂，1981年.
［2］ 精密工学会編，『新版 精密工作便覧』，コロナ社，1992年.
［3］ 佐藤邦彦著，『溶接・接合工学概論（第2版）』，理工学社，2011年.
［4］ 日本塑性加工学会編，『接合：技術の全容と可能性』，コロナ社，1990年.
［5］ 日本産業洗浄協議会編，『はじめての洗浄技術』，工業調査会，2005年.
［6］ 人見勝人著，『入門編 生産システム工学（第4版）』，共立出版，2009年.

索　引

あ　行

アーク溶接　125
圧延加工　36
圧延機　36
圧延成形法　62
圧下率　36
圧接　124, 126
圧力転写　71
孔型圧延　39
粗さ曲線　170
アルカリ洗浄剤　149
案内面　90
イオンスパッタリング　116
イオンビーム加工　115
イオンプレーティング　117
鋳込成形法　61
板材成形　47
1次加工　8, 35
鋳物　14
うねり曲線　170
運動転写　71
エッチング　105
遠心鋳造法　23
遠心力法　62
エンドミル　74

か　行

押出し加工　41
押出し法　61
界面活性剤　147
化学打抜き　105, 107
化学加工　105
化学研磨　105
化学当量　101
拡散反応接合　133
撹拌洗浄　145
加工　2
加工硬化　34
加工単位　71
加工変質層　178
ガス圧接　127
ガス溶接　124
形材　36
型鍛造　45
型彫り放電加工　95, 97
金型　14
金型成形法　60
金型鋳造　22
乾式洗浄　138
乾式めっき　103
乾燥　150
機械加工　8, 70
機械製造　7
機械的エネルギー　7
機械的接合　123
幾何偏差　168
気孔　81
キャビテーション　139
切れ味　77
金属結合　124
金属材料　3
クリアランス　49
グループテクノロジーライン　160
結合剤　81
結合度　83
ケミカルミリング　105, 107
減圧造形法　19
研削加工　80
研削砥石　80
研削比　84
原子間力顕微鏡　175
現像　106
工作機械　89
構成刃先　77
光電効果　182
光波干渉計　172
後方押出し　41
硬ろう付け　129
コールドチャンバ法　22

固定砥粒加工法 80
コンカレントエンジニアリング 164

さ 行

サプライチェーン 155
サプライチェーンマネジメント 155
産業革命 154
酸性洗浄剤 148
仕上げ代 26
ジェット洗浄 143
シェル鋳型法 19
自硬性鋳型法 19
自生発刃作用 84
自然放射 108
湿式洗浄 138
湿式めっき 103
絞り率 50
シャワー洗浄 143
自由鍛造 45
自由砥粒加工法 80
受注生産 157
準水系洗浄剤 149
衝撃法 58
焼結 56, 67
消失模型法 21
除去加工 8
触針式表面粗さ計 170
助剤接合 133
ジョブショップ 160
真円度 169
真空鋳造法 23
浸漬洗浄 138
親水基 147
伸線 43
据込み 44
スクラブ洗浄 142
スチーム洗浄 144

砂型 14
砂型鋳造 18
スパーク放電 95
スパッタ蒸着 117
スパッタリング 115
スピニング加工 52
スプレー洗浄 143
スポット溶接 128
寸法効果 79
成形加工 8
生産加工 2
生産システム 155
静水圧成形法 63
精密洗浄 136
設計 7
切削加工 73
接着 130
接着剤接合 130
セル 160, 162
旋削加工 73
洗浄 136
洗浄剤 147
せん断 48
旋盤 73
全反射蛍光 X 線分析法 183
線引き 43
前方押出し 41
走査型トンネル顕微鏡 176
走査型プローブ顕微鏡 175
組織 83
疎水基 147
塑性加工 32
塑性変形 32

た 行

ダイカスト法 22

炭酸ガスアーク溶接 126
鍛造加工 44
断面曲線 170
置換めっき 103
縮み代 26
縮みフランジ成形 50
中性洗浄剤 149
鋳造 14
鋳鉄 16
超音波圧接 128
超音波洗浄 139
超仕上げ 86
超砥粒 82
突き合わせ溶接 129
継目無鋼管 39
ツルーイング 84
テープ研磨 86
鉄鋼材料 3
電解加工 100, 102
電気化学加工 100
電気化学当量 101
電気抵抗溶接 128
電気めっき 100, 102, 103
電極消耗率 96
電気・化学的エネルギー 7
電子ビーム加工 111
電子ビーム穿孔 113
電子ビーム熱処理 114
電子ビーム溶接 114
転造加工 52
電着 102
電鋳加工 102, 104
電流効率 101
砥石 81

索　引

透過型電子顕微鏡　180
投錨効果　130
特殊加工　8, 94
特殊鋳造鋳物　14
ドクターブレード法　62
トランスファライン　158
砥粒　81
砥粒加工　80
ドリル　74
ドレッシング　84

な 行

中子取り　25
難削材　79
軟ろう付け　129
2次イオン質量分析法　183
2次加工　8, 35
熱的エネルギー　7
伸びフランジ成形　50

は 行

爆発圧接　127
バブリング洗浄　145
バレル研磨　88
はんだ付け　129
ビーム溶接　126
光共振器　108
光散乱法　184
引抜き加工　42
非金属材料　3
被削性　79
被削性指数　79
非浸漬洗浄　138
非水系洗浄剤　149
比切削抵抗　79

非鉄金属材料　3
ファラデーの法則　101
フーリエ変換型赤外分光　184
フォトエッチング　106
フォトエレクトロフォーミング　106
フォトファブリケーション　105, 106
フォトリソグラフィ　106
付加加工　7
複合材料　3
歩留り　24
フライス　73
フライス加工　73
フライス盤　73
ブラシ洗浄　142
ブラッグ回折　179
フルモールド法　21
プレス加工　35, 47
フローショップフローライン　160
粉砕　58
噴射加工　88
噴射式洗浄　142
粉末成形　56
粉末鍛造法　65
粉末冶金　56
噴霧法　58
噴流洗浄　145
へら絞り　53
ベルト研削　86
変形抵抗　34
放電加工　95
ホーニング　86
ボール盤　74
ホットプレス接合　133

ポリシング　87

ま 行

前素形材　8
曲げ加工　49
摩擦圧接　128
マシニングセンタ　90
マスク　105
マンネスマン穿孔法　40
見込み生産　157
水系洗浄剤　147
無機材料　3
無電解めっき　103
メガソニック　139
目こぼれ　84
目つぶれ　84
目づまり　84

や 行

焼入れ　114
有機材料　3
融剤　16
融接　124
誘導放射　108
遊離砥粒加工法　80
溶剤蒸気洗浄　144
溶接　124
溶接鋼管　39
溶湯粉化　58
揺動・回転洗浄　145
溶融めっき　103

ら 行

ラッピング　87
ラマン散乱　180
ラマン分光　180

索　引

粒度　83
冷間圧接　127
レーザ　108
レーザ干渉計　169
レジスト　105
連続成形法　62
連続鋳造法　23
ろう接　124, 129
ろう付け　129
露光　106
ロストワックス法　20

わ行

ワイヤ放電加工　95, 98

欧字

BTO生産　157
CAD/CAM　154
CAE　163
CIM　165
CIP　63
FMC　159
FMS　154, 159
FTL　159
GTショップ　161
HIP　64
HIP接合　133
MEMS　107
MIG溶接　125
POP　165
TIG溶接　125
Vプロセス法　19
X線回折法　179
X線光電子分光法　181

著者略歴

谷　泰弘（たに　やすひろ）

1981 年	東京大学大学院工学系研究科博士課程修了　工学博士
1981 年	東京大学生産技術研究所講師
1982 年	同助教授
1997 年	同教授
2006 年	立命館大学理工学部教授（2019 年定年退職）
2014 年	東京大学名誉教授

主要著書
工業材料大辞典（分担執筆，工業調査会，1997）
レアメタル便覧（分担執筆，丸善，2010）
最新研磨技術（編著，シーエムシー出版，2012）

村田　順二（むらた　じゅんじ）

2010 年	大阪大学大学院工学研究科博士後期課程修了　博士（工学）
2010 年	立命館大学理工学部助教
2014 年	近畿大学理工学部講師（2017 年同准教授）
2019 年	立命館大学理工学部准教授

主要著書
最新研磨技術（分担執筆，シーエムシー出版，2012）

機械工学テキストライブラリ＝7
生産加工入門

2014 年 2 月 10 日 ⓒ　　　初　版　発　行
2023 年 2 月 25 日　　　　　初版第 7 刷発行

著者　谷　　泰弘　　　発行者　矢沢和俊
　　　村　田　順　二　　印刷者　小宮山恒敏

【発行】　　　株式会社　数理工学社
〒151-0051　東京都渋谷区千駄ヶ谷 1 丁目 3 番 25 号
☎（03）5474-8661（代）　　サイエンスビル

【発売】　　　株式会社　サイエンス社
〒151-0051　東京都渋谷区千駄ヶ谷 1 丁目 3 番 25 号
営業☎（03）5474-8500（代）　　振替 00170-7-2387
FAX☎（03）5474-8900

印刷・製本　小宮山印刷工業（株）

≪検印省略≫

本書の内容を無断で複写複製することは，著作者および
出版者の権利を侵害することがありますので，その場合
にはあらかじめ小社あて許諾をお求め下さい．

ISBN978-4-86481-012-8
PRINTED IN JAPAN

サイエンス社・数理工学社の
ホームページのご案内
https://www.saiensu.co.jp
ご意見・ご要望は
suuri@saiensu.co.jp まで．